室内
装修木工
常用施工大样

钟友待　钟仁泽　著

U0289477

江西科学技术出版社

版权合同登记号/14-2017-0482

图书在版编目(CIP)数据

室内装修木工常用施工大样 / 钟友待, 钟仁泽著
. — 南昌 : 江西科学技术出版社, 2018.2
ISBN 978-7-5390-6102-3

Ⅰ.①室… Ⅱ.①钟… ②钟… Ⅲ.①室内装修 - 工
程施工 Ⅳ.①TU767.7

中国版本图书馆CIP数据核字(2017)第245954号

国际互联网（Internet）	责任编辑 魏栋伟
地址：http://www.jxkjcbs.com	特约编辑 王雨晨
选题序号：ZK2017283	项目策划 凤凰空间
图书代码：B17097-101	售后热线 022-87893668

室内装修木工常用施工大样 　　　　　钟友待　钟仁泽　著

出版发行	江西科学技术出版社
社址	南昌市蓼洲街2号附1号
	邮编：330009　电话：(0791)86623491　86639342(传真)
印刷	北京世纪恒宇印刷有限公司
经销	各地新华书店
开本	710 mm × 1 000 mm　1/16
字数	206千字
印张	21.5
版次	2018年2月第1版　2024年1月第2次印刷
书号	ISBN 978-7-5390-6102-3
定价	69.00元

赣版权登字-03-2017-369
版权所有，侵权必究
（赣科版图书凡属印装错误，可向承印厂调换）

自序

　　近年来，国内各地建筑业的快速发展也带动装修业的需求暴增，室内设计业发展突飞猛进。在实际操作中，设计者为使设计概念能有效地传达给施工者，会将设计对象的平面、立面、侧面与剖面等面向，以绘图方式呈现给施工者，这些图说在业界通称为三视图。在三视图中，有特殊结构或施工细节时，设计者会以详图(大样图)来明确设计重点，提醒施工者注意。为确保制图中的线条、文字所代表的含义能达到沟通效果，像专业语言般的制图规范，即制图符号便从图纸中产生。

　　木工工程中天花板、地板、隔屏、壁板、门、框与橱柜等项目的制作，几乎占室内装修施工项目的一半以上，又因设计与风格上的变化，使设计者在图纸的绘制上更加繁杂，加上木工工法与材料的组合变化，更加大了设计者绘制木工施工图的难度。木工工程是装修工程中技术层面较复杂的工种，它的施工细节(大样图)是设计者最难构思也是最难下手绘制的部分。相关图纸的绘制需要绘图者对木工技术有丰富的知识储备和经验积累，才能通过细节图（大样图）得以准确、完美的呈现。

　　《室内装修木工常用施工大样》一书，是作者常年在装修施工现场，依据木工的施工方式绘制并编写而成。每张图的背后都包含着木工材料的不同组合与施工工法的变化。本书不仅可以作为设计初学者绘制施工图的参考依据，更可以作为装修木工初学者学习木工技术与工法的指南。但因祖国大陆设计与施工工作者人才济济，我个人的经历与经验毕竟有限，详图中如有疑义，期望前辈、专业人士能够指正。万分感谢！

　　本书的出版首先要感谢我的指导教授陈逸聪老师。我在研究所就读时，他不会因为我是工务背景而对我抱有偏见，常不吝指导与指正我论文的用词，更在绘制详图期间不断地给予我鼓励与建议。陈教授亦师亦友般的情感深入我心，在此特别感谢！本书编写的初衷一是感谢陈教授，二是希望能将自己三十多年的从业经历，分享给更多的室内设计初学者。

树德科技大学建筑与室内设计研究所硕士

双升装修木工培训讲师　　钟友待

天花板

橱柜

橱柜

目录

目前，室内木工装修材料大致可分为龙骨、板材与表面装饰材三大类。龙骨主要应用在基础工程的结构骨架，如天花板、地板、隔间、壁板的内部龙骨结构等；板材类可分为夹板、木芯板、防火板与表面装饰材等，各板材依不同需求应用在不同的施工领域；表面装饰材泛指施工时最后所呈现的面貌，如美耐板与贴皮夹板是橱柜的表面装饰材，雕纹板是壁面的装饰材等。下面进行木工材料的介绍，并依其材质绘制出能够直接表现其特性的制图符号。

1. 龙骨

（1）柳安实木龙骨

柳安木按木色可分为红、白、黄三种。为防虫蛀，常将柳安龙骨浸泡药水，做成防腐、防虫龙骨，为凸显两者间的差异，会在防腐龙骨的断面处喷上颜色以做区别。

【柳安实木龙骨】　　　　【柳安防腐龙骨】

（2）花旗松实木龙骨

花旗松实木龙骨主要为松、杉木类树种裁制而成，龙骨四面刨整，木纹清晰，质软，从断面观察有明显的木纹纹理。

【花旗松实木龙骨】

（3）单板层积龙骨

单板层积龙骨俗称夹板龙骨或合板龙骨，由花旗松裁切成薄板并胶合固定成特定的厚板后，再依需求规格裁制而成。夹板龙骨又可分为"横向胶合"与"纵向胶合"两种样式。横向胶合龙骨常用在天花板、壁板等的木架构，纵向胶合龙骨主要应用在空心门片的制作。

【夹板龙骨】　　　　　【纵向胶合夹板龙骨】　　　　　【横、纵向胶合龙骨】

（4）塑胶龙骨

塑胶龙骨是以 PVC 原料制成的，表面可分光滑面与刻沟面两种，具有防腐、耐水的特性，常应用在户外空间。

【塑胶龙骨】

现阶段木工工程除以上介绍的四种龙骨外，另外还有橱柜门片专用的夹板龙骨等类型，每种龙骨的结构特性并不相同，又可做出细分。下页图为本书作者观察各龙骨的断面纹理，描绘出各龙骨所代表的符号，防腐龙骨加注防腐的英文字母 PRE。

需要注意的是，在下页图中，图示上方括号内的数值为原材料尺寸，图示中标出的尺寸为成品尺寸（设计尺寸），单位为 mm，两者之间的数值差异为成品制作过程中削减、裁切等产生的损耗。另外需要注意的是，本书中的尺寸为台湾地区常用尺寸，若与大陆其他地区的尺寸有出入，请以当地实际尺寸为准。

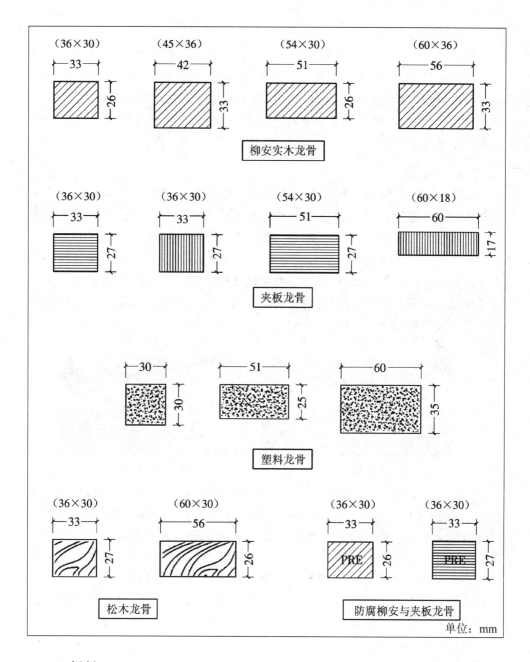

单位：mm

2. 板材

木工装修板材大致可分为木芯板、夹板、塑胶板、防火板、木质地板与表面装饰板等。木芯板与夹板的尺寸大致相同。

木地板的种类较多，从早期的实木长条形板材、平口实木地板（拼花木地砖）、无尘实木企口地板、实木地板至近期的海岛型地板（厚皮地板）、超耐磨与实木集成板材等，因使用要求的不断变化，板材的样式也不断变化，长、宽与厚度也有不同。

表面装饰板材是装修时最后呈现的材料样貌，因所用空间与功能上的需求不同，使用的装饰材料也不同。橱柜为呈现实木质感，常用实木贴皮夹板（热压板）来做表面材；为防止因常擦拭与碰撞而造成损坏的桌面，会用美耐板来增加耐磨性；为增加壁面的立体感与层次感，常以实木拼板或雕纹板来塑造等。

（1）木芯板

木芯板是上下两层夹板包着等厚的柳安木芯与杂木木芯，并以短料拼接方式排列，上胶后以冷压或热压方式制作而成，冷压与热压的区别在于表层的夹板厚度，冷压制品使用三夹板，热压制品使用二夹板。

表面未美化的板材一般称为木芯板或素面木芯板，表面加贴装饰材料或涂装聚乙烯时，名称就会随着加贴的材料来称呼，如实木贴皮木芯板、塑胶贴皮木芯板、波丽木芯板、美耐板（美耐皿）木芯板等。在木工工程中的橱柜制作，使用加贴装饰材的板材居多。

【木芯板横向】　　　　　　　　　【木芯板纵向】

近看木芯板的板材结构为上下两片夹板包着等厚的柳安木芯与杂木木芯，并以短料拼接方式排列，既有的制图符号呈现出了板材断面的实际样貌，再以斜线来表示实心不通透。然而，板材长向与短向的材料样貌是不同的，在绘图过程中，板材在组成构件时并不一定都呈现断面，有时也会以板材的长向来做组合，尤其是两向都出现在同一张图上时，就需要一个长向的符号来做区分，如此才能真实的呈现出板材构件应有的结构性，其实只要依循断面的绘制原理就可以另绘出板材的长向符号。

（2）夹板

柳安或杂木原木依成品所需长度裁切并剥除表皮后，以类似滚筒方式旋转刨切成等厚的木皮，刨制的木皮依质量差异分为面板、中板与底板，面板的质量最好，底板次之，中板最差，上、下板材的刨制厚度相同，中板则较厚。夹板的制成是以上、中、下三种材料依3、5、7单数层胶合而成，俗称三合板、合板或胶合板，细分为一般夹板与防水夹板，板材防不防水在于使用的胶水。

【夹板】

（3）塑胶板

塑胶板具有材质轻、防水耐潮的特性，一般用于浴室天花板或潮湿的空间，分空心与实心板材。空心板材厚度约为8 mm，宽为20 cm，长度可达4.7 m，施工时板材与墙壁的接触面有塑胶边条，样式分为七字修边条、七字线条与塑胶斜边压条三种，七字修边条与七字线条需在面板施工前先钉接在龙骨上，斜边压条需在面板完成后再在正面钉接。

（4）塑合板

塑合板是由木材打碎成颗粒状，依颗粒粗细排列，粗的在中间、细的由表层胶合制作而成，故不须砍伐原木而利用再生木材来制造。

塑合板是系统柜专用板材，表面涂装三聚氰胺（$C_3H_6N_6$），又称美耐皿(Melamine)，其特性为耐磨、耐刮、耐热、抗潮、抗酸碱度高且表面颜色、样式多元。

（5）中密度纤维板

制作过程为纸浆制成纸板，纸板再压制成厚板，制成密度在0.35 ~ 0.8 g/cm³之间的板材称为中密度纤维板。此产品一般耐水性差，板材在压制过程中常加入大量胶合剂，甲醛含量也较一般板材高出许多，因板材表面孔隙小可增加涂装效果，为家具业所常用，装修常使用在壁面造型或门片上并以喷漆方式来做表面处理。目前市售的雕纹板、造型板与美曲板大多是中密度纤维板的产品。

（6）木地板

木地板依据不同的使用时期可分为实木平口地板、长条形实木地板、实木无尘企口地板、实木地板、海岛型地板（厚皮）、超耐磨地板（美耐板）、实木集成及塑胶发泡板等地板材质，下面就上述几种地板特性来做说明。

①实木平口地板：俗称拼花木地砖。板材平切不做榫槽，用四片或五片长20 ~ 30 cm、厚1.2~1.5 cm的实木板材组成一个方块，施工时依据需求样式排列在地面上，用专用胶与地面做胶合，待板材胶合干后，以砂磨机依据砂布的粗细分三次来做表面磨平，清洁修补孔缝后，再以优丽漆做表面

涂装。

②长条形实木地板：长向两面做公母榫，短向不做，长度可达480 cm，宽度在9～12 cm，厚度在1.5～1.8 cm，材质多为柳安木、柚木、桧木。购买时板材并无涂装，工匠由凸榫钉接组合后，表面需做刨整，再以虫胶漆或二度漆做表面涂装，地板形式类似目前常用的杉木壁板，差别是木地板材料较厚且无企口。

【实木平口地板】

【长条形实木地板】

③无尘实木企口地板：四面有榫槽，表面有涂装，常用的材质有柚木、紫檀、红檀、花梨木、桧木、樱花木、橡木等，不同树种所制成的板材会产生不同程度的变形，施作时需依据木材的特性预留伸缩缝，稳定度最佳的是柚木与桧木。

④实木复合地板：又称复式地板，四面有榫槽，是装修业最早出现的实木贴皮地板，表面木皮厚度为0.6～0.8 mm，底板为防水夹板。

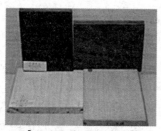
【无尘实木企口地板】

【实木复合地板】

⑤海岛型地板：俗称厚皮地板，是指地板表面的实木部分为1.5～3 mm，其他部分为夹板。换句话说，地板厚度为12～15 mm，实木部分为1.5~3 mm厚。此地板的特性是施工后有实木质感，又不会有实木地板的变形问题，近期的实木手刮纹地板，常采用此类型的地板来制作，为目前常用的地板样式之一。

⑥超耐磨地板：底材使用夹板或密度板，表面以美耐皿或美耐板加工而成，分为防滑面、仿手刻纹与雾面等几种，底部加贴或不加贴消音胶片，厚度有8～12 mm，宽度为20 cm，长度以120 cm居多，具耐刮与耐磨特性，常用在居家与商业空间。

【海岛型地板】

【超耐磨（美耐板）地板】

⑦实木集成地板：以长实木条拼接胶合而成的板材，板材面可看见深浅不同的木条交错，四面有榫槽，已涂装。选购时常以1片板材中由几条实木条拼接，来表示地板面实木条的粗细，如6拼、8拼等，施工方式与无尘实木地板相同。

⑧ PVC 发泡地板：塑胶材料所制成的板材，四面有榫槽，表面有仿木纹处理，具有防虫、防燃、耐水、无甲醛的特性，可在潮湿的室内与户外空间应用，组合方式与木地板相同。

【实木集成地板】

【PVC 发泡地板】

⑨环塑木地板：利用回收的高密度聚乙烯 (HDPE) 加入不同材料挤压成型，具防水、耐磨、耐腐蚀与不龟裂等特性，以室外空间施工为主，表面有刻沟与仿木纹处理，组合方式有直接嵌接或以蝴蝶扣件来做固定。

（7）线板

线板材质可分为实木、实木贴皮、塑胶、聚氨酯 PU(发泡) 等类型，形式与尺寸较多，一般常见的有封边条、子弹形、半圆、斜边、船形线板等。

【环塑木地板】

【塑胶线板】

（8）装饰板

装修中泛指用于表面装饰的材料。常见的有美耐板、美曲板、万用槽板、塑铝板、水泥板、雕纹板、皮革板、实木曲板、风化板、实木立体二丁板、编织板等，每种材质都有不同特性，应用在不同的施工地点。如美耐板又被称为耐火板，具有防潮、耐热、不易刮伤等特性，主要用在室内家具的台面、门片与抽屉面上。塑铝板是由上下铝片中间包裹着塑料制作而成，以室外壁面、外观的装饰为主，具有防水、耐潮、易于清洁等特性。万用槽板主要用在商业空间的墙面，吊挂重物时需在板材的沟槽内再加入专用铝条，有专属的配件可吊挂在沟槽上，将壁面变成展示空间。美曲板主要用在室内的壁面造型与圆弧状的家具上，表面呈沟槽状可方便弯曲，分为实木与密度板制品。水泥板分为木丝水泥板与纤维水泥板，常用在壁面有造型要求处、地板与室外空间，制成后有类似建筑清水模的质感。雕纹板又被称为造型板，样式多元，常用在壁面造型与家具上，以营造出特殊的立体感。皮革板是以人造皮革胶合造型板所产生的制品，常用在家具与壁面造型上以营造出立体与皮革的质感。

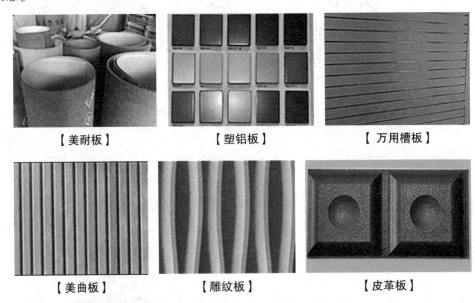

【美耐板】　　　　【塑铝板】　　　　【万用槽板】

【美曲板】　　　　【雕纹板】　　　　【皮革板】

为使读者更清晰地分辨本书中所涉及材料的结构，作者引用及绘制如下建材的制图符号，如有争议，请以国家制图标准为准。

内文引用及自绘建材制图符号

图例名称＼比例	1/100	1/50~1/30	1/10-1/1
钢筋混凝土			
砖墙（B）			
砖墙（B/2）			
轻隔间墙			
壁墙			
石膏板			
硅酸钙板			
夹板			
木芯板			
木材			
石材			
瓷砖			
水泥砂浆			
纤维材料			
铁丝网			
玻璃			
夯实土壤			
钢骨			
C形钢			

图例 比例 名称	1/100	1/50~1/30	1/10~1/1
松木龙骨		⊠	(图例)
柳安龙骨		⊠	(图例)
夹板龙骨（横向）		⊠	(图例)
夹板龙骨（纵向）		⊠	(图例)
塑胶龙骨		⊠	(图例)
防腐龙骨		⊠	(图例) (图例)
木芯板（短向）	(图例)	(图例)	(图例)
木芯板（长向）	(图例)	(图例)	(图例)
夹板	(图例)	(图例)	(图例)
密度板	(图例)	(图例)	(图例)
美耐板	(图例)	(图例)	(图例)
铝塑板	(图例)	(图例)	(图例)
塑合板	(图例)	(图例)	(图例)
硅酸钙板	(图例)	(图例)	(图例)

图例 比例 名称	1/100	1/50~1/30	1/10~1/1
石膏板			
空心塑胶板			
实木地板			
厚皮地板			
超耐磨地板			
实木集成地板			
玻璃			
实木拼板			
文化石			
人造石			
石材			
实木线板			
塑胶线板			
发泡线板			

1．天花板

（1）平顶天花板：又被称为平钉天花板。意指平面型的天花板。

（2）造型天花板：又被称为立体天花板。意指天花板施工样式借由线板与材料结构来呈现不同高低差与各种形状的造型。

（3）间接照明层板式天花板：利用板材或龙骨结构在天花板下做成可放层板灯的边框，此称为层板，灯具朝上，光线先照射天花板后再反射进入空间称为间接照明。

（4）格栅式龙骨架构：是夹板与硅酸钙板等长方形板材专用的龙骨结构，龙骨结构由横向与纵向龙骨做组合，纵向龙骨是吊筋拉住主结构的钉接龙骨，也是板材长向交接的固定龙骨，横向龙骨是板材中间的固定龙骨。

【格栅式龙骨架构】

（5）轨道式龙骨架构：为木地板与长条形塑胶板材或松木板材专用的龙骨架构，龙骨的组合以轨道般平行排列，故被称为轨道式龙骨架构。

【轨道式龙骨架构】

（6）龙骨承材：施工位置在轨道式龙骨架构上面，主要作用是整平龙骨架构的高低差使各龙骨的承载力均衡，并提供吊筋的钉接。

（7）T形吊筋：吊筋又被称为吊木、吊杆。木作天花板为使龙骨结构稳定地固定在特定的水平点上，会将吊筋钉接成类似字母T的形状，上面的横向龙骨固定在钢筋混凝土结构上，直立向龙骨则依水平点钉接在天花板的龙骨架构上，两龙骨组成构件，合称为T形吊筋。

2．地板

（1）直贴式地板：又被称为直铺式地板。是指在地面的瓷砖或石材上，铺上铝箔发泡垫后，直接将面板用白胶胶合在板材侧面后组合在地面上的一种工法。

（2）平贴式地板：又称为平铺式地板。是指在泥作整平地面或瓷砖、石材上，铺设防潮布或铝箔发泡垫后，再放置 0.9 cm 或 1.2 cm 厚的夹板，最后再将面板钉接在夹板上的一种工法。

（3）直贴龙骨：是指将龙骨或长条形板材以不拉水平的方式直接胶合或钉接在瓷砖、石材或已整平的泥作基础上作为木地板的龙骨结构，接着再钉接底板与面板。

（4）高架地板：是指以龙骨构件或高密度保丽龙板来增加高度与组合可承载重量的架构，再以厚度为 1.2 cm 以上的夹板或木芯来强化木架构，最后再铺上面板。

（5）承载龙骨（搁栅龙骨承材）：承载龙骨是针对木作高架地板的称呼，施工位置在轨道式龙骨架构下，两者呈上下垂直配置，主要为整平上面龙骨的高低差并平均各龙骨的承载力，类似制作天花板时的龙骨承材。

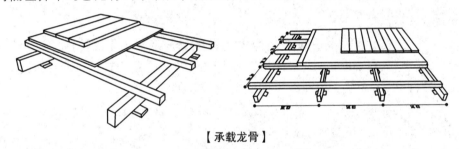

【承载龙骨】

（6）承载板：承载板一词是作者依工人的制作方式给予的新名词，其施工位置在轨道式龙骨架构下，是替代承载龙骨常用的施工方式，制作方式是以前后的两片夹板，依水平点钉接内部的上下两支 3.6 cm×3 cm 龙骨而成的空心厚板，空心板内的上龙骨是轨道式龙骨架构的固定龙骨，下龙骨则直接钉接或胶合于地面上，也有以木芯板或夹板来替代承载板的制作方式，两者的施工方式略有不同。

【承载板】

（7）支撑龙骨：此龙骨是高架地板到达一定高度时才会使用的构件，主要作用是在调整高架地板中间水平与地板承受重量时将力量传导至地面的构件，类似建筑中的梁、柱结构，施工时为使支撑龙骨能稳定地固定在定点不移动，要在支撑龙骨与地面的接触点上再加钉一个长约 30 cm 的横向固定龙骨，两者呈倒 T 字形来做支撑。

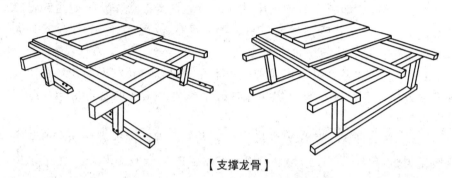

【支撑龙骨】

（8）底板：在木制高架地板的制作中，一般是指 1.2 cm 以上的夹板或木芯板。

（9）面板：在木制高架地板的制作中，一般是指表面的木地板材质。

3. 壁板

（1）壁板 T 形固定龙骨：是木制壁板龙骨架构的固定构件，与天花板 T 形吊筋制作方式相同，只是使用在木制壁板时，放置方式是呈 90°的倒 T 形，原来钉在钢筋混凝土天花板上的横向龙骨改为钉在墙面上。

（2）承板：指以木制龙骨或板材所组成的实心或空心可承载重量的板材结构。

4. 橱柜

（1）台面加厚：是指制作橱柜台面时将单一木芯板或夹板，利用板材构件的组合，制作出多片板材厚度的质感且具有承载力。

（2）企口挡板：在木制家具为挡住门与门、抽屉与抽屉之间的企口不至于让人从外面看到柜子里面而制作出的板材构件。

（3）柜体：柜子的两侧被称为左右侧板或左右立向板材，上面被称为上顶板，下面被称为下底板，后面被称为背板。这五片板材组成的框架结构，被称为柜体。

（4）塔头：是指橱柜上面类似顶盖的板材结构。

天花板

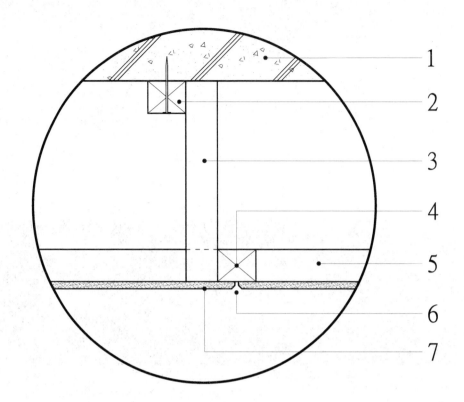

硅酸钙板平顶天花板	侧面剖图 比例 1:3	

结构材名称	材料尺寸[①]/mm	材质
1. 钢筋混凝土结构	—[②]	—
2. T 形吊筋：固定龙骨	36×30	柳安、松木、夹板龙骨
3. T 形吊筋：立向龙骨	36×30	柳安、松木、夹板龙骨
4. 木架构：板材交接的纵向龙骨	36×30	柳安、松木、夹板龙骨
5. 木架构：横向龙骨	36×30	柳安、松木、夹板龙骨
6. 板材交接预留间隙	3~5	—
7. 天花板：表面板材	6	硅酸钙板

注① 本书此项指原材料尺寸，各地区依本地区情况适当调整。

② 本书部分材料尺寸及材质为空，是因为这些内容专业人士普遍有共识，无须赘述。

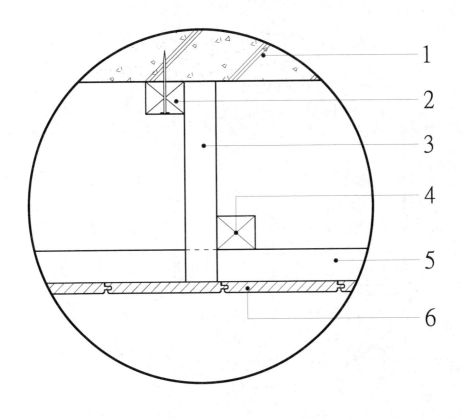

松木板材平顶天花板	侧面剖图 比例 1:3	
结构材名称	材料尺寸 /mm	材质
1. 钢筋混凝土结构	—	—
2. T 形吊筋：固定龙骨	36×30	柳安、松木、夹板龙骨
3. T 形吊筋：立向龙骨	36×30	柳安、松木、夹板龙骨
4. 天花板：木架构的龙骨承材	36×30	柳安、松木、夹板龙骨
5. 天花板：轨道式木架构	36×30	柳安、松木、夹板龙骨
6. 天花板：表面板材	99×9	长条形，松、杉木实木板材

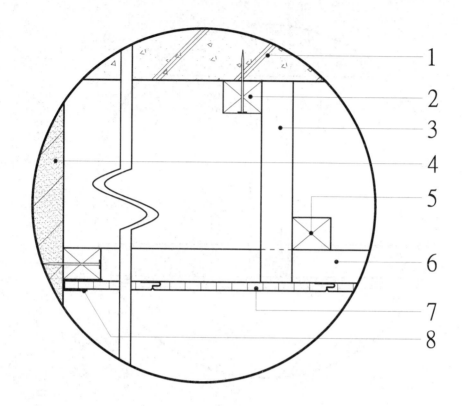

塑胶板材平顶天花板		侧面剖图 比例 1:3

结构材名称	材料尺寸/mm	材质
1. 钢筋混凝土结构	—	—
2. T形吊筋:固定龙骨	36×30	柳安、松木、夹板龙骨
3. T形吊筋:立向龙骨	36×30	柳安、松木、夹板龙骨
4. 砖造墙	—	—
5. 天花板木架构:龙骨承材	36×30	柳安、松木、夹板龙骨
6. 天花板:轨道式木架构	36×30	柳安、松木、夹板龙骨
7. 天花板:表面板材	7	长条形空心塑胶板
8. 天花板:七字修边条	—	塑胶

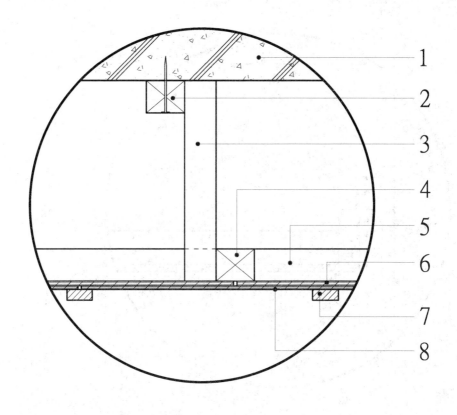

实木贴皮平顶天花板	侧面剖图 比例 1:3

结构材名称	材料尺寸 /mm	材质
1. 钢筋混凝土结构	—	—
2. T 形吊筋：固定龙骨	36×30	柳安、松木、夹板龙骨
3. T 形吊筋：立向龙骨	36×30	柳安、松木、夹板龙骨
4. 木架构：板材交接的纵向龙骨	36×30	柳安、松木、夹板龙骨
5. 木架构：横向龙骨	36×30	柳安、松木、夹板龙骨
6. 天花板：木架构的表面板材	6	夹板
7. 压条	24×9	松、杉、桧木实木材
8. 天花板：表面装饰材	3	实木贴皮夹板

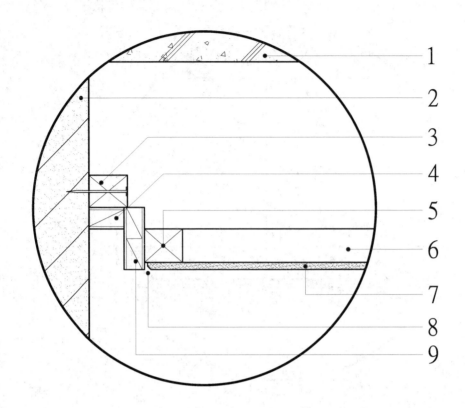

边框企口式平顶天花板		侧面剖图 比例 1:4
结构材名称	材料尺寸 /mm	材质
1. 钢筋混凝土结构	—	—
2. 砖造墙	—	—
3. 企口结构：固定龙骨	36×30	柳安、松木、夹板龙骨
4. 企口结构：直线校正材	18	木芯板
5. 木架构：四周固定龙骨	36×30	柳安、松木、夹板龙骨
6. 木架构：横向龙骨	36×30	柳安、松木、夹板龙骨
7. 天花板：表面板材	6	硅酸钙板
8. 板材交接预留间隙	3~5	—
9. 企口结构：立向板材	18	木芯板

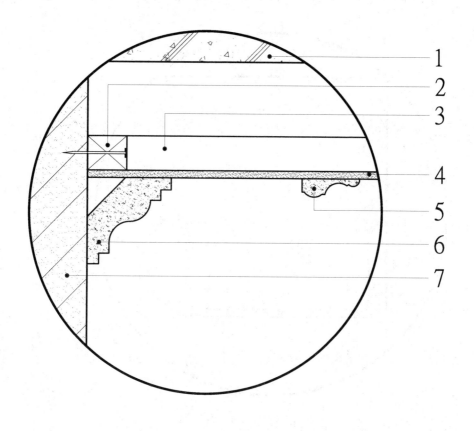

■ 边框线板式平顶天花板		侧面剖图 比例 1：3	

结构材名称	材料尺寸 /mm	材质
1. 钢筋混凝土结构	—	—
2. 木架构：四周固定龙骨	36×30	柳安、松木、夹板龙骨
3. 木架构：横向龙骨	36×30	柳安、松木、夹板龙骨
4. 天花板：表面板材	6	硅酸钙板
5. 平顶造型材	45	PU 发泡斜边线板
6. 边框造型材	面宽 90	PU 发泡船形线板
7. 砖造墙	—	—

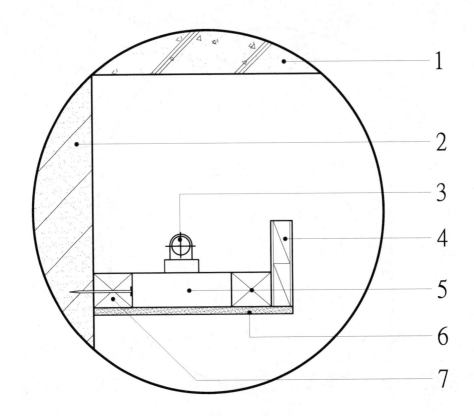

龙骨结构层板式间接照明		侧面剖图 比例 1:3

结构材名称	材料尺寸 /mm	材质
1. 钢筋混凝土结构	—	—
2. 砖造墙	—	—
3. 灯具[①]	—	层板灯
4. 灯具挡板	18	木芯板
5. 层板：结构龙骨	36×30	柳安、松木龙骨
6. 天花板：表面板材	6	硅酸钙板
7. 层板结构：固定龙骨	36×30	柳安、松木龙骨

注① 现灯槽多采用轻钢材料制成，本书仅介绍木制的情况以做参考。

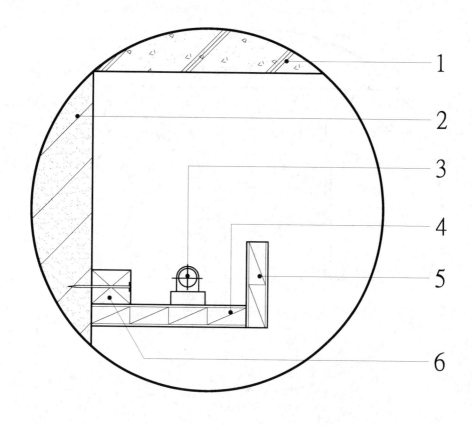

板材结构层板式间接照明		侧面剖图 比例 1:3
结构材名称	**材料尺寸 /mm**	**材质**
1. 钢筋混凝土结构	—	—
2. 砖造墙	—	—
3. 灯具	—	层板灯
4. 层板：结构板材	18	木芯板
5. 灯具挡板	18	木芯板
6. 层板结构：固定龙骨	36×30	柳安、松木龙骨

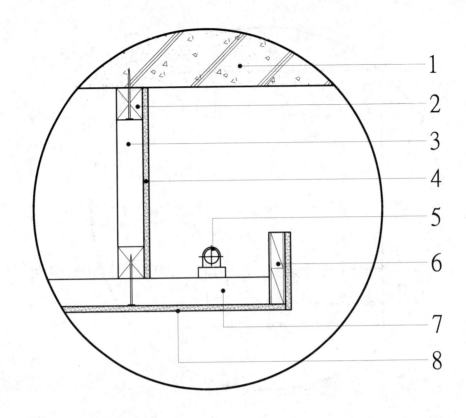

间接照明式天花板 –1	侧面剖图 比例 1:4	

结构材名称	材料尺寸 /mm	材质
1. 钢筋混凝土结构	—	—
2. 遮光板：固定龙骨	36×30	柳安、松木、夹板龙骨
3. 遮光板：立向龙骨	36×30	柳安、松木、夹板龙骨
4. 遮光板：表面板材	6	硅酸钙板
5. 灯具	—	层板灯
6. 灯具挡板	18	木芯板
7. 天花板：木架构龙骨	36×30	柳安、松木、夹板龙骨
8. 天花板：表面板材	6	硅酸钙板

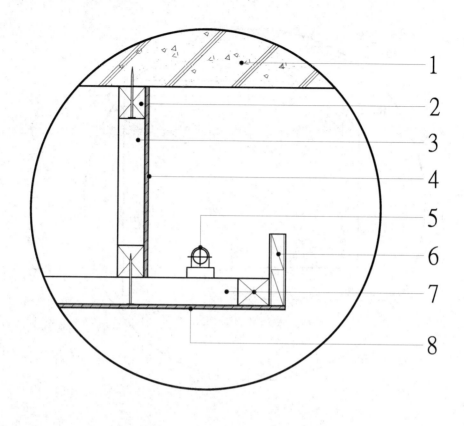

间接照明式天花板 –2	侧面剖图 比例 1：4	
结构材名称	材料尺寸 /mm	材质
1. 钢筋混凝土结构	—	—
2. 遮光板：木架构的固定龙骨	36×30	柳安、松木、夹板龙骨
3. 遮光板：木架构的立向龙骨	36×30	柳安、松木、夹板龙骨
4. 遮光板：表面板材	6	夹板
5. 灯具	—	层板灯
6. 灯具挡板	18	木芯板
7. 天花板：木架构龙骨	36×30	柳安、松木、夹板龙骨
8. 天花板：表面板材	6	夹板

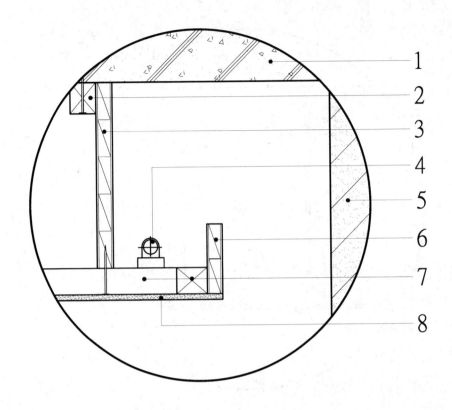

洗墙式间接照明天花板		侧面剖图 比例1:4

结构材名称	材料尺寸/mm	材质
1. 钢筋混凝土结构	—	—
2. 遮光板①：固定龙骨	36×30	柳安、松木、夹板龙骨
3. 遮光板	18	木芯板
4. 灯具	—	层板灯
5. 砖造墙	—	—
6. 灯具挡板	18	木芯板
7. 天花板：木结构龙骨	36×30	柳安、松木、夹板龙骨
8. 天花板：表面板材	6	硅酸钙板

注① 现遮光板多采用轻钢材料，本书只介绍采用木制的情况以做参考。

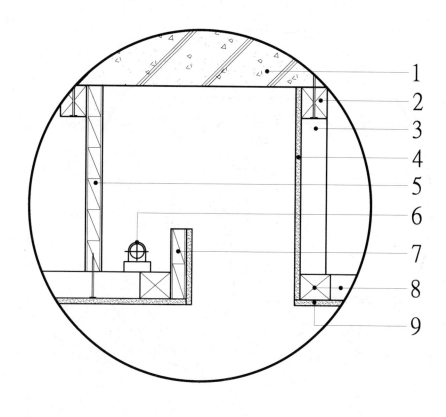

沟槽造型间接照明天花板		侧面剖图 比例 1:4
结构材名称	材料尺寸 /mm	材质
1. 钢筋混凝土结构	—	—
2. 立向木架构：固定龙骨	36×30	柳安、松木、夹板龙骨
3. 立向木架构：立向龙骨	36×30	柳安、松木、夹板龙骨
4. 立向木架构：表面板材	6	硅酸钙板
5. 遮光板	18	木芯板
6. 灯具	—	层板灯
7. 灯具挡板	18	木芯板
8. 天花板：木架构的纵、横向龙骨	36×30	柳安、松木、夹板龙骨
9. 天花板：表面板材	6	硅酸钙板

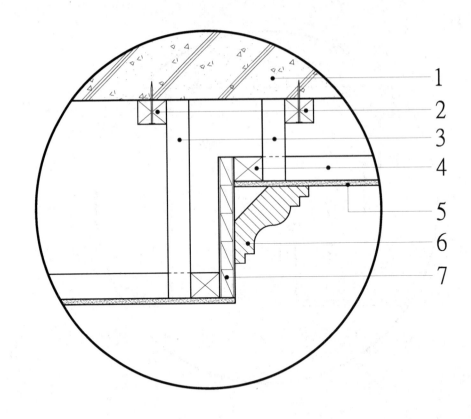

1
2
3
4
5
6
7

内角线板造型天花板		侧面剖图 比例 1:4

结构材名称	材料尺寸 /mm	材质
1. 钢筋混凝土结构	—	—
2. T 形吊筋：固定龙骨	36×30	柳安、松木、夹板龙骨
3. T 形吊筋：立向龙骨	36×30	柳安、松木、夹板龙骨
4. 木架构的纵、横向龙骨	36×30	柳安、松木、夹板龙骨
5. 天花板：表面板材	6	硅酸钙板
6. 造型板材	90	船形实木线板
7. 上、下天花板连接板材	18	木芯板

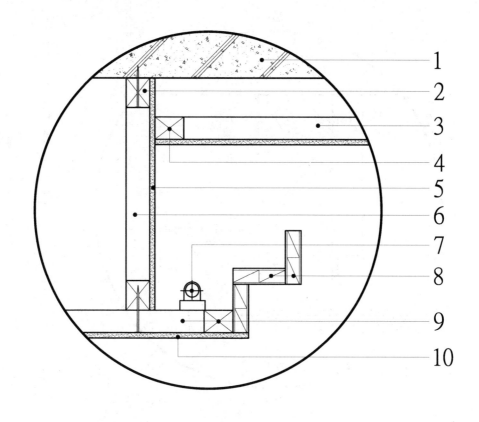

阶梯式灯具挡板造型天花板	侧面剖图 比例 1:4	
结构材名称	材料尺寸 /mm	材质
1. 钢筋混凝土结构	—	—
2. 遮光板：固定龙骨	36×30	柳安、松木、夹板龙骨
3. 上天花板：木架构的横向龙骨	36×30	柳安、松木、夹板龙骨
4. 上天花板：四周固定龙骨	36×30	柳安、松木、夹板龙骨
5. 遮光板：表面板材	6	硅酸钙板
6. 遮光板：立向龙骨	36×30	柳安、松木、夹板龙骨
7. 灯具	—	层板灯
8. 造型结构：板材	18	木芯板
9. 下天花板：木架构的横、纵向龙骨	36×30	柳安、松木、夹板龙骨
10. 下天花板：表面板材	6	硅酸钙板

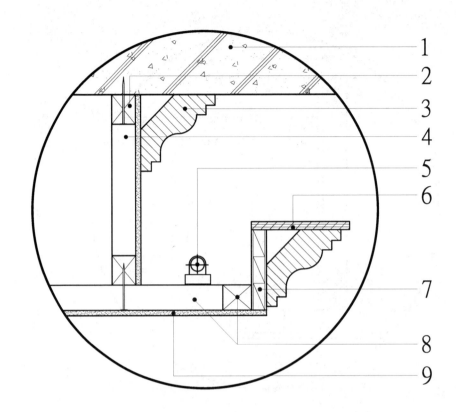

双线板式造型天花板		侧面剖图 比例 1:4
结构材名称	**材料尺寸 /mm**	**材质**
1. 钢筋混凝土结构	—	—
2. 遮光板：固定龙骨	36×30	柳安、松木、夹板龙骨
3. 造型线板	90	实木船形板材
4. 遮光板：立向龙骨	36×30	柳安、松木、夹板龙骨
5. 灯具	—	层板灯
6. 造型结构板材	9	夹板
7. 造型结构板材	18	木芯板
8. 天花板：木架构的横、纵向龙骨	36×30	柳安、松木、夹板龙骨
9. 天花板：表面板材	6	硅酸钙板

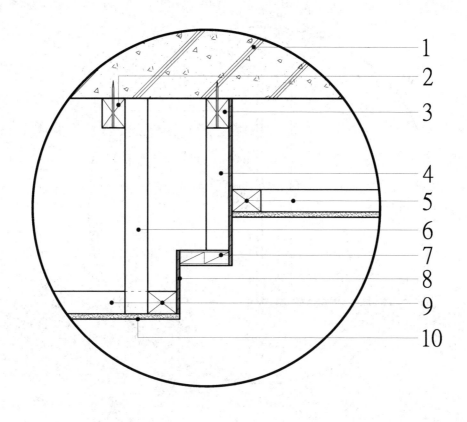

阶梯式造型天花板		侧面剖图 比例 1：4
结构材名称	**材料尺寸 /mm**	**材质**
1. 钢筋混凝土结构	—	—
2. T 形吊筋：固定龙骨	36×30	柳安、松木、夹板龙骨
3. 造型结构：固定龙骨	36×30	柳安、松木、夹板龙骨
4. 造型结构：立向龙骨	36×30	柳安、松木、夹板龙骨
5. 上天花板：木架构的纵、横向龙骨	36×30	柳安、松木、夹板龙骨
6. T 形吊筋：立向龙骨	36×30	柳安、松木、夹板龙骨
7. 造型结构：板材	18	木芯板
8. 造型结构：板材	6	夹板
9. 下天花板：木架构的横、纵向龙骨	36×30	柳安、松木、夹板龙骨
10. 下天花板：表面板材	6	硅酸钙板

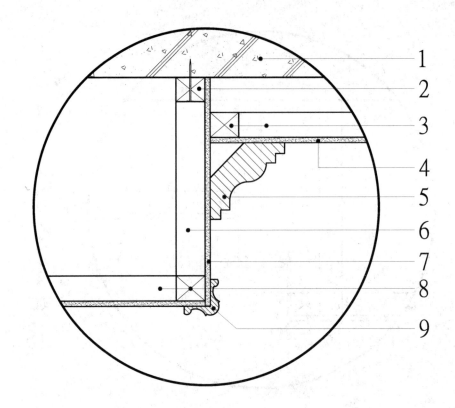

内外角线板式造型天花板 -1		侧面剖图 比例 1:4
结构材名称	材料尺寸 /mm	材质
1. 钢筋混凝土结构	—	—
2. 立向木架构：固定龙骨	36×30	柳安、松木、夹板龙骨
3. 上天花板：木架构的纵、横向龙骨	36×30	柳安、松木、夹板龙骨
4. 上天花板：表面板材	6	硅酸钙板
5. 造型板材	90	实木船形线板
6. 立向木架构：立向龙骨	36×30	柳安、松木、夹板龙骨
7. 立向木架构：表面板材	6	硅酸钙板
8. 下天花板：木架构的横、纵向龙骨	36×30	柳安、松木、夹板龙骨
9. 造型板材	33	实木外角线板

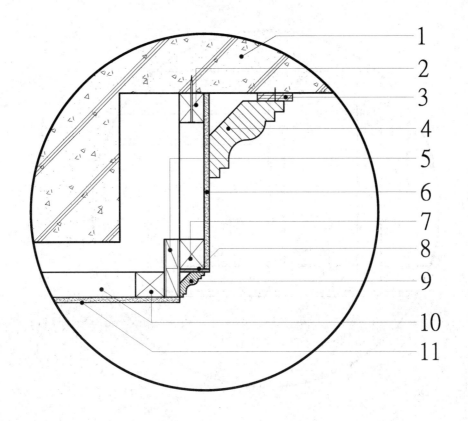

内外角线板式造型天花板 –2	侧面剖图 比例 1:4	

结构材名称	材料尺寸 /mm	材质
1. 钢筋混凝土结构	—	—
2. 立向木架构：固定龙骨	36×30	柳安、松木、夹板龙骨
3. 线板：钉接辅助材	9	夹板
4. 造型板材	90	实木船形线板
5. 企口造型结构材	18	木芯板
6. 立向木架构：表面板材	6	硅酸钙板
7. 立向木架构：横向龙骨	36×30	柳安、松木、夹板龙骨
8. 企口：平整辅助材	6	夹板
9. 造型板材	27	实木船形线板
10. 天花板：木架构的横、纵向龙骨	36×30	柳安、松木、夹板龙骨
11. 天花板：表面板材	6	硅酸钙板

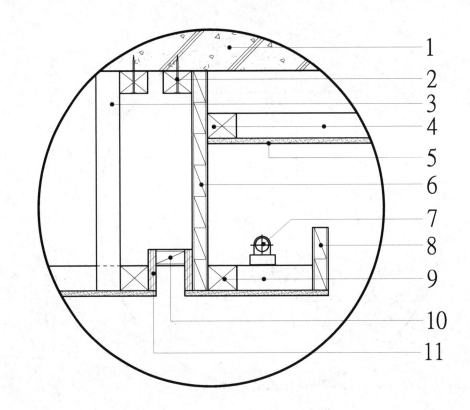

间接照明外加企口造型天花板	侧面剖图 比例 1:4	
结构材名称	**材料尺寸 /mm**	**材质**
1. 钢筋混凝土结构	—	—
2. 遮光板：固定龙骨	36×30	柳安、松木、夹板龙骨
3. T 形吊筋：立向龙骨	36×30	柳安、松木、夹板龙骨
4. 上天花板：木架构的纵、横向龙骨	36×30	柳安、松木、夹板龙骨
5. 上天花板：表面板材	6	硅酸钙板
6. 遮光板材	18	木芯板
7. 灯具	—	层板灯
8. 灯具挡板	18	木芯板
9. 承板：木架构的纵、横向龙骨	36×30	柳安、松木、夹板龙骨
10. 企口：结构板材	18	木芯板
11. 企口：结构板材	9	夹板

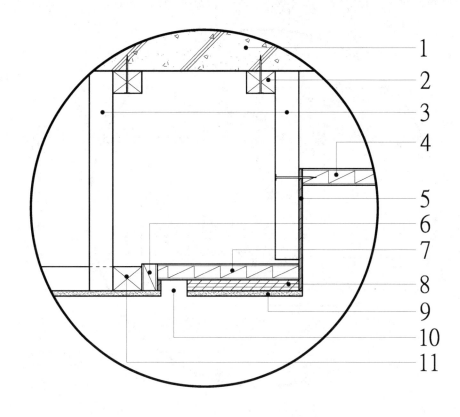

圆形天花板加框加企口造型天花板	侧面剖图比例 1：4	

结构材名称	材料尺寸 /mm	材质
1. 钢筋混凝土结构	—	—
2. 吊筋：固定龙骨	36×30	柳安、松木、夹板龙骨
3. T 形吊筋：立向龙骨	36×30	柳安、松木、夹板龙骨
4. 上天花板：圆形造型结构板材	36×30	柳安、松木、夹板龙骨
5. 上、下天花板连接材	6	夹板
6. 企口造型结构材	18	木芯板
7. 下天花板：圆形框主结构板材	18	木芯板
8. 下天花板：圆形框加厚板材	12	夹板
9. 下天花板：表面材	6	硅酸钙板
10. 预留企口	30	—
11. 下天花板：结构龙骨	36×30	柳安、松木、夹板龙骨

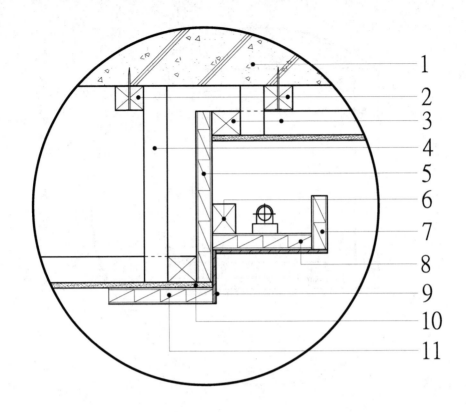

间接照明下加造型框天花板	侧面剖图 比例 1：4	

结构材名称	材料尺寸 /mm	材质
1. 钢筋混凝土结构	—	—
2. T 形吊筋：固定龙骨	36×30	柳安、松木、夹板龙骨
3. 上天花板：木架构的纵、横向龙骨	36×30	柳安、松木、夹板龙骨
4. T 形吊筋：立向龙骨	36×30	柳安、松木、夹板龙骨
5. 遮光板材	18	木芯板
6. 承板：固定龙骨	36×30	柳安、松木、夹板龙骨
7. 灯具挡板	18	木芯板
8. 承板：结构板材	18	木芯板
9. 造型框：防裂辅助材	6	夹板
10. 下天花板：表面板材	6	硅酸钙板
11. 造型框：结构材	18	木芯板

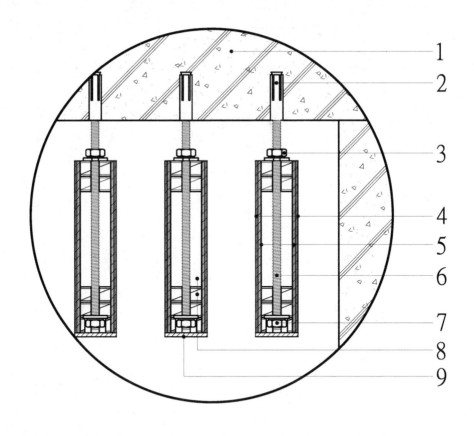

悬吊式空心格栅造型天花板		侧面剖图 比例1:4
结构材名称	材料尺寸/mm	材质
1. 钢筋混凝土结构	—	—
2. 膨胀螺栓	12	不锈钢
3. 空心板：水平调整螺母	—	—
4. 空心板：装饰板材	3	实木贴皮夹板
5. 空心板：结构板材	6	夹板
6. 全牙螺杆	9	铁制
7. 空心板：固定螺母	—	—
8. 空心板结构：横、立向板材	18	木芯板
9. 下面封边	—	实木条

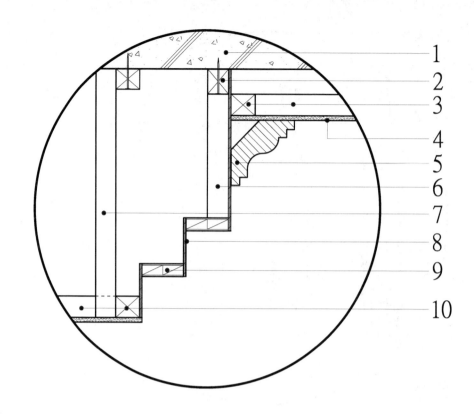

阶梯加线板造型天花板		侧面剖图 比例 1:5
结构材名称	**材料尺寸 /mm**	**材质**
1. 钢筋混凝土结构	—	—
2. 立向木架构：固定龙骨	36×30	柳安、松木、夹板龙骨
3. 上天花板：木架构的纵、横向龙骨	36×30	柳安、松木、夹板龙骨
4. 上天花板：表面板材	6	硅酸钙板
5. 造型板材	90	实木船形线板
6. 立向木架构：固定龙骨	36×30	柳安、松木、夹板龙骨
7. T 形吊筋：立向龙骨	36×30	柳安、松木、夹板龙骨
8. 造型：结构板材	6	夹板
9. 造型：结构板材	18	木芯板
10. 下天花板：木架构的横、纵向龙骨	36×30	柳安、松木、夹板龙骨

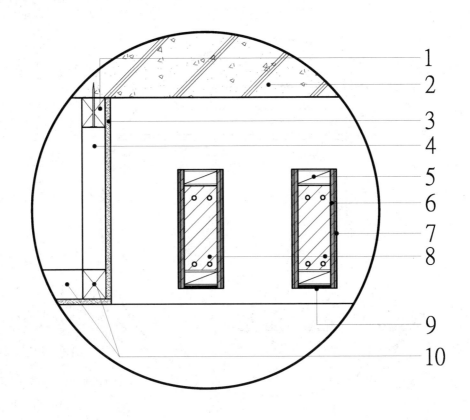

固定式空心格栅造型天花板	侧面剖图 比例 1:4	

结构材名称	材料尺寸 /mm	材质
1. 立向木架构:固定龙骨	36×30	柳安、松木、夹板龙骨
2. 钢筋混凝土结构	—	—
3. 立向木架构:表面板材	6	硅酸钙板
4. 立向木架构:立向龙骨	36×30	柳安、松木、夹板龙骨
5. 空心板:结构材	18	木芯板
6. 空心板:结构材	6	夹板
7. 空心板:表面装饰材	3	实木贴皮夹板
8. 空心板:壁面固定板材	18	木芯板
9. 下面封边	—	实木皮
10. 天花板:木架构的横、纵向龙骨	36×30	柳安、松木、夹板龙骨

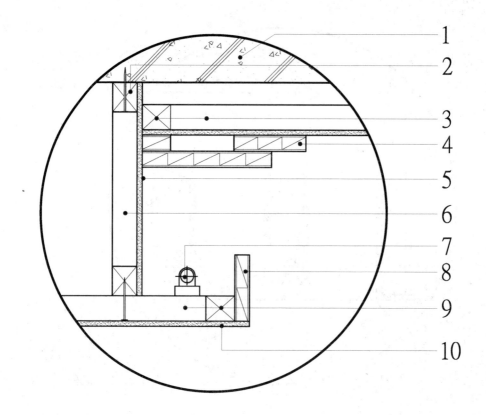

间接照明上加造型框天花板		侧面剖图 比例 1：4
结构材名称	材料尺寸 /mm	材质
1. 钢筋混凝土结构	—	—
2. 遮光板：木架构的固定龙骨	36×30	柳安、松木、夹板龙骨
3. 上天花板：木架构的纵、横向龙骨	36×30	柳安、松木、夹板龙骨
4. 造型：结构板材	18	木芯板
5. 遮光板：木架构的表面板材	6	硅酸钙板
6. 遮光板：木架构的立向龙骨	18	木芯板
7. 灯具	—	层板灯
8. 灯具挡板	18	木芯板
9. 下天花板：横、纵向龙骨	36×30	柳安、松木、夹板龙骨
10. 下天花板：表面板材	6	硅酸钙板

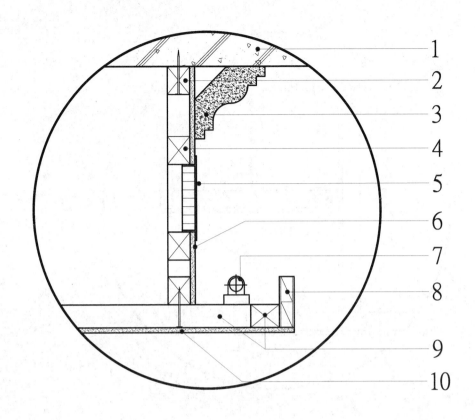

间接照明加线形出、回风口		侧面剖图 比例 1:4
结构材名称	材料尺寸 /mm	材质
1. 钢筋混凝土结构	—	—
2. 遮光板：木架构的固定龙骨	36×30	柳安、松木、夹板龙骨
3. 造型板材	90	船形发泡（聚氨酯）线板
4. 空调：线形出风口的固定辅助材	36×30	柳安、松木、夹板龙骨
5. 空调：线形出风口	高 80	—
6. 遮光板：木架构的表面板材	6	硅酸钙板
7. 灯具	—	层板灯
8. 灯具挡板	18	木芯板
9. 天花板：横、纵向龙骨	36×30	柳安、松木、夹板龙骨
10. 天花板：表面板材	6	硅酸钙板

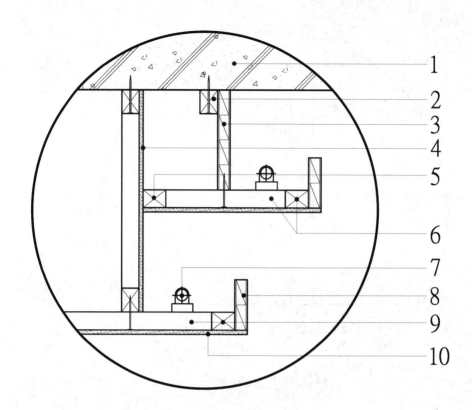

平顶 间接照明 造型 窗帘盒 维修口 灯箱 拉门

双层间接照明造型天花板		侧面剖图 比例 1:5
结构材名称	材料尺寸 /mm	材质
1.钢筋混凝土结构	—	—
2.遮光板：木架构的固定龙骨	36×30	柳安、松木、夹板龙骨
3.遮光板	18	木芯板
4.遮光板：木架构的表面板材	6	硅酸钙板
5.层板：木架构的固定龙骨	36×30	柳安、松木、夹板龙骨
6.层板：木架构的横、纵向龙骨	36×30	柳安、松木、夹板龙骨
7.灯具	—	层板灯
8.灯具挡板	18	木芯板
9.天花板：木架构的横、纵向龙骨	36×30	柳安、松木、夹板龙骨
10.天花板：表面板材	6	硅酸钙板

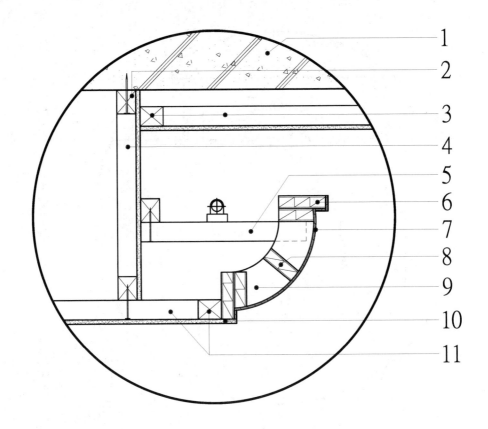

圆弧造型天花板	侧面剖图 比例 1:5	

结构材名称	材料尺寸 /mm	材质
1. 钢筋混凝土结构	—	—
2. 遮光板：木架构的固定龙骨	18	木芯板
3. 上天花板：木架构的横、纵向龙骨	36×30	柳安、松木、夹板龙骨
4. 遮光板：木架构的立向龙骨	36×30	柳安、松木、夹板龙骨
5. 造型：固定龙骨	36×30	柳安、松木、夹板龙骨
6. 造型：纵向结构板材	18	木芯板
7. 造型：表面结构板材	5	易可弯夹板
8. 造型：内部纵向结构板材	18	木芯板
9. 造型：主结构板材	18	木芯板
10. 天花板：表面板材	6	硅酸钙板
11. 天花板：木架构的横、纵向龙骨	36×30	柳安、松木、夹板龙骨

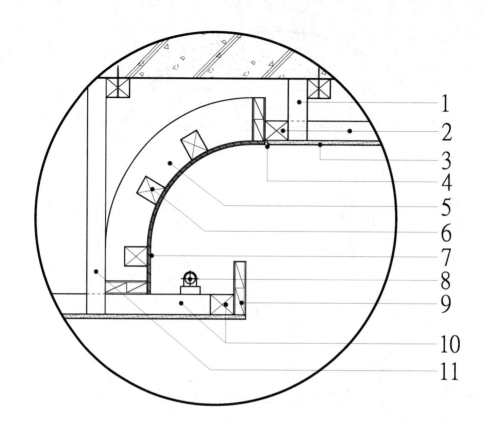

1
2
3
4
5
6
7
8
9
10
11

圆弧造型上接平顶天花板		侧面剖图 比例 1:5
结构材名称	材料尺寸 /mm	材质
1. T 形吊筋：立向龙骨	36×30	柳安、松木、夹板龙骨
2. 上天花板：木架构的纵、横向龙骨	36×30	柳安、松木、夹板龙骨
3. 上天花板：表面板材	6	硅酸钙板
4. 板材交接预留间隙	3~5	—
5. 造型：主结构板材	18	木芯板
6. 造型：纵向结构龙骨	36×30	柳安、松木、夹板龙骨
7. 造型：表面结构板材	5	易可弯夹板
8. 灯具	—	层板灯
9. 灯具挡板	18	木芯板
10. 下天花板：横、纵向龙骨	36×30	柳安、松木、夹板龙骨
11. T 形吊筋：立向龙骨	36×30	柳安、松木、夹板龙骨

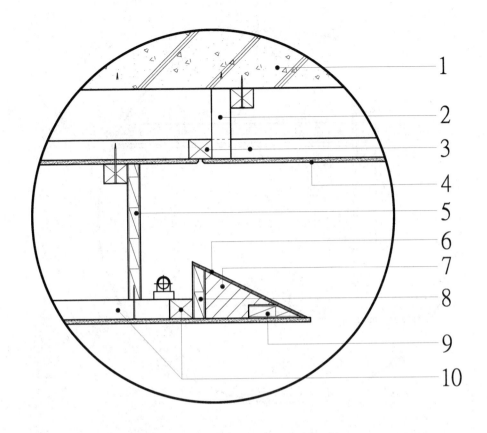

内斜边造型天花板 −1		侧面剖图 比例 1：5

结构材名称	材料尺寸 /mm	材质
1. 钢筋混凝土结构	—	—
2. 上天花板：T 形吊筋的立向龙骨	36×30	柳安、松木、夹板龙骨
3. 上天花板：木架构的纵、横向龙骨	36×30	柳安、松木、夹板龙骨
4. 上天花板：表面板材	6	硅酸钙板
5. 遮光板	18	木芯板
6. 斜边造型：表面板材	6	夹板
7. 斜边造型：主结构板材	18	木芯板
8. 斜边造型：结构板材	18	木芯板
9. 斜边造型：连接板材	18	木芯板
10. 下天花板：木架构的横、纵向龙骨	36×30	柳安、松木、夹板龙骨

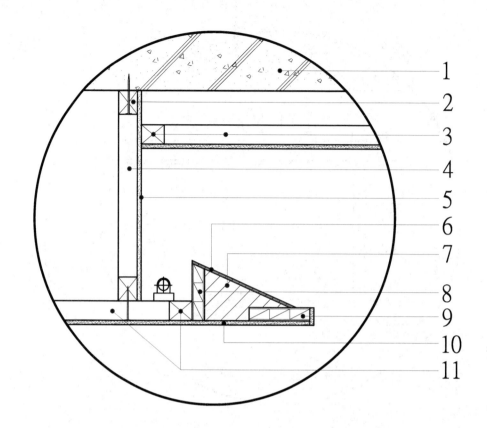

1
2
3
4
5
6
7
8
9
10
11

内斜边造型天花板 −2		侧面剖图 比例 1:5
结构材名称	材料尺寸 /mm	材质
1. 钢筋混凝土结构	—	—
2. 遮光板：木架构的固定龙骨	36×30	柳安、松木、夹板龙骨
3. 上天花板：木架构的纵、横向龙骨	36×30	柳安、松木、夹板龙骨
4. 遮光板：木架构的立向龙骨	36×30	柳安、松木、夹板龙骨
5. 遮光板：表面板材	6	硅酸钙板
6. 斜边造型：表面板材	6	夹板
7. 斜边造型：主结构板材	18	木芯板
8. 斜边造型：结构板材	18	木芯板
9. 斜边造型：连接板材	18	木芯板
10. 下天花板：表面板材	6	硅酸钙板
11. 下天花板：木架构的横、纵向龙骨	36×30	柳安、松木、夹板龙骨

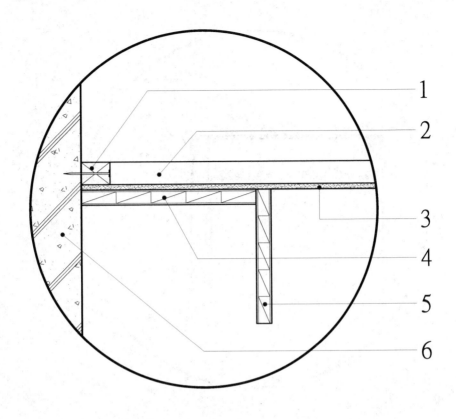

吸顶式窗帘盒	侧面剖图 比例 1:4	
结构材名称	材料尺寸 /mm	材质
1. 天花板：木架构的四周固定龙骨	—	柳安、松木、夹板龙骨
2. 天花板：木架构的横向龙骨	36×30	柳安、松木、夹板龙骨
3. 天花板：表面板材	36×30	硅酸钙板
4. 窗帘：固定板材	6	木芯板
5. 窗帘盒：立向板材	18	木芯板
6. 钢筋混凝土墙	18	—

平顶 间接照明 造型 窗帘盒 维修口 灯箱 拉门

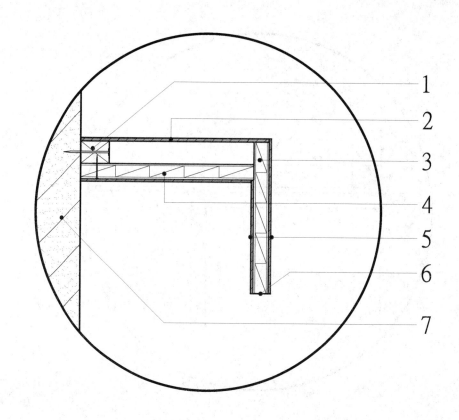

外挂式窗帘盒		侧面剖图 比例 1:4
结构材名称	**材料尺寸 /mm**	**材质**
1. 窗帘盒：固定龙骨	36×30	柳安、松木龙骨
2. 窗帘盒：上面封板	6	夹板
3. 窗帘盒：立向板材	18	木芯板
4. 窗帘：固定板材	18	木芯板
5. 窗帘盒：表面装饰材	3	实木贴皮夹板
6. 侧面封边	—	实木贴皮
7. 砖造墙	—	—

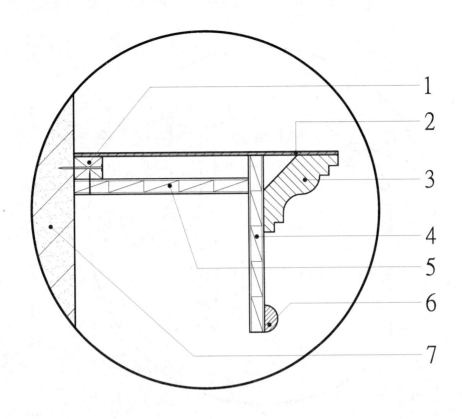

外挂式造型窗帘盒		侧面剖图 比例 1:4
结构材名称	**材料尺寸 /mm**	**材质**
1. 窗帘盒：固定龙骨	36×30	柳安、松木龙骨
2. 窗帘盒：上面封板	6	夹板
3. 窗帘盒：造型板材	90	实木船形线板
4. 窗帘盒：立向板材	18	木芯板
5. 窗帘：固定板材	18	木芯板
6. 窗帘盒：造型板材	27	实木半圆线板
7. 砖造墙	—	—

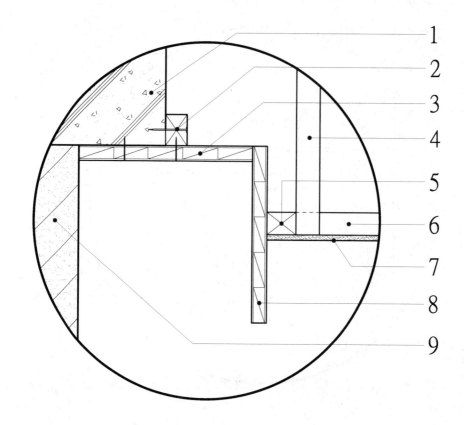

半嵌入式窗帘盒		侧面剖图 比例 1：4
结构材名称	**材料尺寸 /mm**	**材质**
1. 钢筋混凝土梁	—	—
2. 窗帘盒：固定龙骨	36×30	柳安、松木、夹板龙骨
3. 窗帘：固定板材	18	木芯板
4. 天花板：吊筋的立向龙骨	36×30	柳安、松木、夹板龙骨
5. 天花板：四周固定龙骨	36×30	柳安、松木、夹板龙骨
6. 天花板：木架构的横向龙骨	36×30	柳安、松木、夹板龙骨
7. 天花板：表面板材	6	硅酸钙板
8. 窗帘盒：立向板材	18	木芯板
9. 砖造墙	—	—

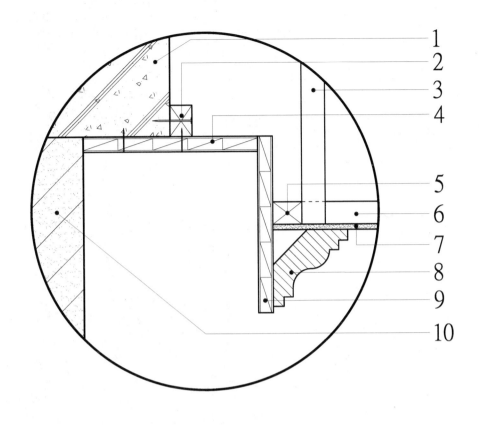

半嵌入式造型窗帘盒	侧面剖图 比例 1:4	

结构材名称	材料尺寸 /mm	材质
1. 钢筋混凝土梁	—	—
2. 窗帘盒：固定龙骨	36×30	柳安、松木、夹板龙骨
3. 天花板：吊筋的立向龙骨	36×30	柳安、松木、夹板龙骨
4. 窗帘：固定板材	18	木芯板
5. 天花板：四周固定龙骨	36×30	柳安、松木、夹板龙骨
6. 天花板：木架构的横向龙骨	36×30	柳安、松木、夹板龙骨
7. 天花板：表面板材	6	硅酸钙板
8. 天花板：造型板材	90	实木船形线板
9. 窗帘盒：立向板材	18	木芯板
10. 砖造墙	—	—

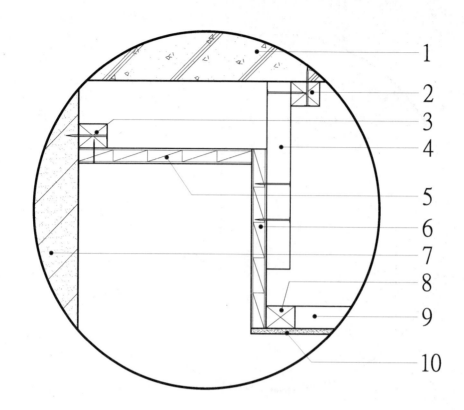

	嵌入式窗帘盒		侧面剖图 比例 1:4
结构材名称		材料尺寸 /mm	材质
1. 钢筋混凝土结构		—	—
2. 窗帘盒：T 形吊筋的固定龙骨		36×30	柳安、松木、夹板龙骨
3. 窗帘盒：固定龙骨		36×30	柳安、松木、夹板龙骨
4. 窗帘盒：T 形吊筋的纵直向龙骨		36×30	柳安、松木、夹板龙骨
5. 窗帘：固定板材		18	木芯板
6. 窗帘盒：立向板材		18	木芯板
7. 砖造墙		—	—
8. 天花板：四周固定龙骨		36×30	柳安、松木、夹板龙骨
9. 天花板：木架构的横向龙骨		36×30	柳安、松木、夹板龙骨
10. 天花板：表面板材		6	硅酸钙板

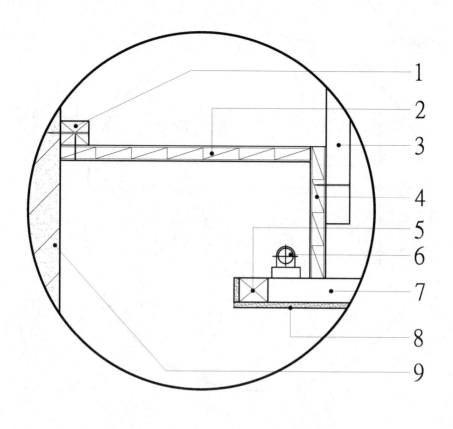

间接照明式窗帘盒	侧面剖图 比例 1:4	
结构材名称	材料尺寸 /mm	材质
1. 窗帘盒：固定龙骨	36×30	柳安、松木、夹板龙骨
2. 窗帘：固定板材	18	木芯板
3. 窗帘盒：吊筋的立向龙骨	36×30	柳安、松木、夹板龙骨
4. 窗帘盒：立向板材（挡光板）	18	木芯板
5. 天花板：四周固定龙骨	36×30	柳安、松木、夹板龙骨
6. 灯具	—	层板灯
7. 天花板：木架构的横向龙骨	36×30	柳安、松木、夹板龙骨
8. 天花板：表面板材	6	硅酸钙板
9. 砖造墙	—	

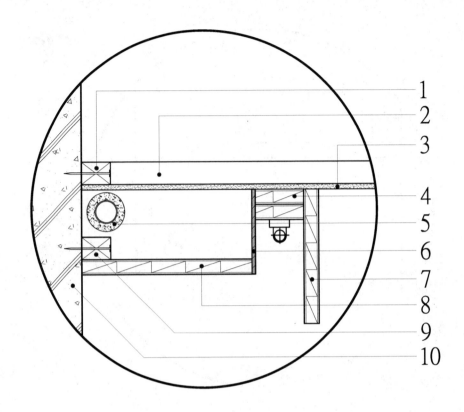

窗帘盒内嵌灯	侧面剖图 比例 1:4

结构材名称	材料尺寸 /mm	材质
1. 天花板：木架构的四周固定龙骨	36×30	柳安、松木、夹板龙骨
2. 天花板：木架构的横向龙骨	36×30	柳安、松木、夹板龙骨
3. 天花板：表面板材	6	硅酸钙板
4. 灯槽横向结构板材	18	木芯板
5. 空调排水管（外面包覆隔热材质）	—	—
6. 灯槽立向结构板材	6	夹板
7. 窗帘盒：立向板材	18	木芯板
8. 窗帘盒：固定板材	18	木芯板
9. 窗帘盒：固定龙骨	36×30	柳安、松木、夹板龙骨
10. 钢筋混凝土墙	—	—

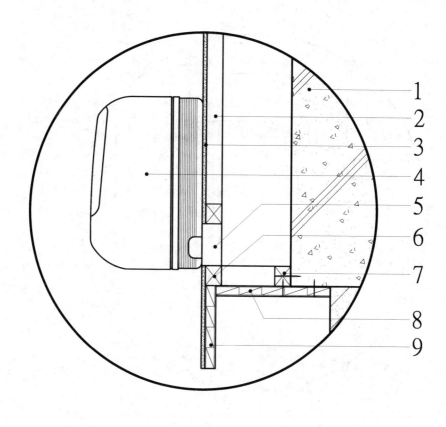

■ 窗帘盒上接空调固定架构		侧面剖图 比例 1:6
结构材名称	材料尺寸 /mm	材质
1. 钢筋混凝土结构	—	—
2. 木架构：立向龙骨	36×30	柳安、松木、夹板龙骨
3. 木架构：表面板材	6	硅酸钙板
4. 空调室内机	—	—
5. 室内机：冷媒、排水管路预留孔	—	—
6. 木架构：横向龙骨	36×30	柳安、松木、夹板龙骨
7. 窗帘盒：固定龙骨	36×30	柳安、松木、夹板龙骨
8. 窗帘：固定板材	18	木芯板
9. 窗帘盒：立向板材	18	木芯板

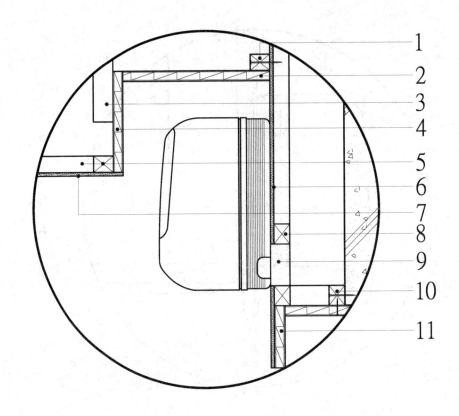

结构材名称	材料尺寸/mm	材质
内嵌式空调盒	**侧面剖图 比例 1:6**	
1. 空调盒固定龙骨	36×30	柳安、松木、夹板龙骨
2. 空调盒木架构：横向板材	18	木芯板
3. 空调盒固定吊筋	36×30	柳安、松木、夹板龙骨
4. 空调盒木架构：立向板材	18	木芯板
5. 天花板：木结构的横、纵向龙骨	36×30	柳安、松木、夹板龙骨
6. 空调固定木架构：表面材	6	硅酸钙板
7. 天花板：木架构，表面材	6	硅酸钙板
8. 空调固定木结构龙骨	36×30	柳安、松木、夹板龙骨
9. 室内机：冷媒、排水管路预留孔	—	—
10. 窗帘盒：固定龙骨	36×30	柳安、松木、夹板龙骨
11. 窗帘盒木架构：立向板材	18	木芯板

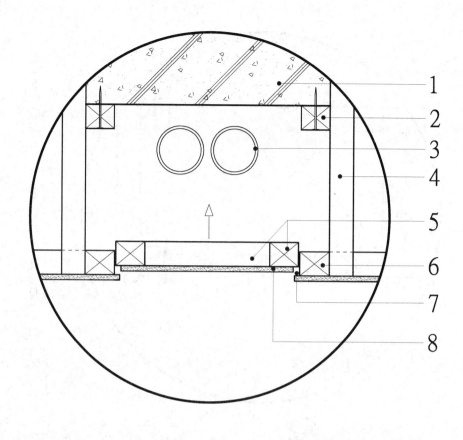

面板外凸式维修口	侧面剖图 比例 1:4	

结构材名称	材料尺寸/mm	材质
1. 钢筋混凝土结构	—	—
2. T形吊筋: 固定龙骨	36×30	柳安、松木、夹板龙骨
3. 排水管	—	—
4. T形吊筋: 立向龙骨	36×30	柳安、松木、夹板龙骨
5. 维修口: 活动板材的四周龙骨	36×30	柳安、松木、夹板龙骨
6. 维修口: 四周结构龙骨	36×30	柳安、松木、夹板龙骨
7. 板材交接预留企口	6	—
8. 维修口: 表面板材	6	硅酸钙板

地板 壁板 隔屏 开口 橱柜 台面(橱柜)

平顶 间接照明 造型 窗帘盒 维修口 灯箱 拉门

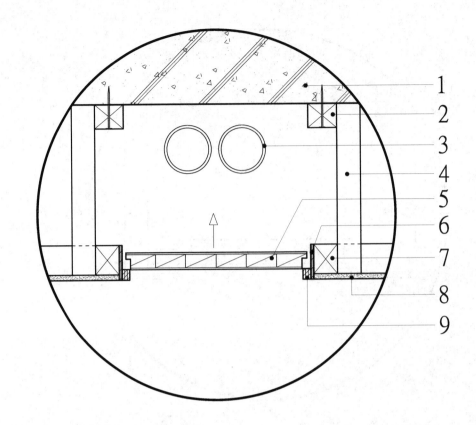

木作边框维修口		侧面剖图 比例 1:4

结构材名称	材料尺寸 /mm	材质
1. 钢筋混凝土结构	—	—
2. T 形吊筋：固定龙骨	36×30	柳安、松木、夹板龙骨
3. 排水管	—	—
4. T 形吊筋：立向龙骨	36×30	柳安、松木、夹板龙骨
5. 维修口：活动板材	18	木芯板
6. 维修口：结构辅助材	6	夹板
7. 维修口：四周结构龙骨	36×30	柳安、松木、夹板龙骨
8. 天花板：表面板材	6	硅酸钙板
9. 维修口：四周边框结构材	9	夹板

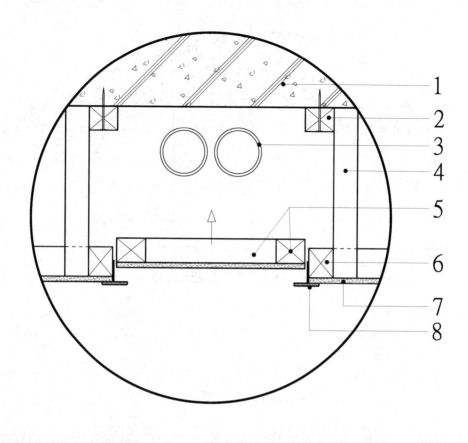

塑胶边框维修口		侧面剖图 比例 1:4

结构材名称	材料尺寸 /mm	材质
1. 钢筋混凝土结构	—	—
2. T 形吊筋：固定龙骨	36×30	柳安、松木、夹板龙骨
3. 排水管	—	—
4. T 形吊筋：立向龙骨	36×30	柳安、松木、夹板龙骨
5. 维修口：活动板材的木架构	36×30	柳安、松木、夹板龙骨
6. 维修口：四周结构龙骨	36×30	柳安、松木、夹板龙骨
7. 天花板：表面板材	6	硅酸钙板
8. 维修口	—	塑胶框

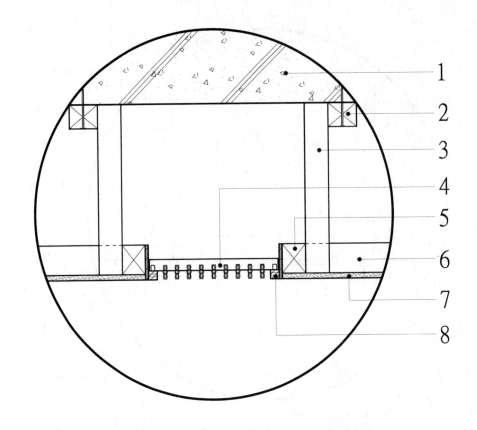

无框式回风口		侧面剖图 比例 1:4

结构材名称	材料尺寸 /mm	材质
1. 钢筋混凝土结构	—	—
2. T 形吊筋：固定龙骨	36×30	柳安、松木、夹板龙骨
3. T 形吊筋：立向龙骨	36×30	柳安、松木、夹板龙骨
4. 无框式回风口	—	塑料成型
5. 回风口：四周结构龙骨	36×30	柳安、松木、夹板龙骨
6. 天花板木架构龙骨	36×30	柳安、松木、夹板龙骨
7. 天花板：表面板材	6	硅酸钙板
8. 回风口：四周边框结构材	10	夹板

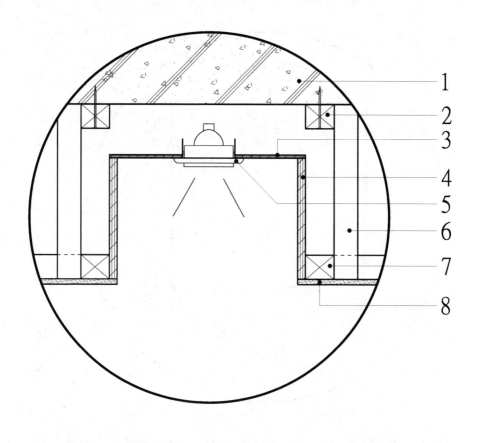

灯槽、内嵌灯		侧面剖图 比例 1:4
结构材名称	**材料尺寸 /mm**	**材质**
1. 钢筋混凝土结构	—	—
2. T 形吊筋：固定龙骨	36×30	柳安、松木、夹板龙骨
3. 灯箱结构：横向板材	6	夹板
4. 灯箱结构：立向板材	9	夹板
5. 灯具嵌灯	—	夹板
6. T 形吊筋：立向龙骨	36×30	柳安、松木、夹板龙骨
7. 灯箱：四周结构龙骨	36×30	柳安、松木、夹板龙骨
8. 天花板：表面板材	6	硅酸钙板

平顶 间接照明 造型 窗帘盒 维修口 灯箱 拉门

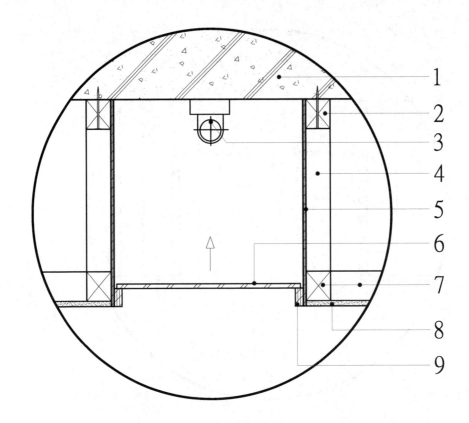

玻璃灯箱		侧面剖图 比例 1:4

结构材名称	材料尺寸 /mm	材质
1. 钢筋混凝土结构	—	—
2. 立向木架构：固定龙骨	36×30	柳安、松木、夹板龙骨
3. 灯具	—	层板灯
4. 立向木架构：立向龙骨	36×30	柳安、松木、夹板龙骨
5. 立向木架构：表面板材	6	夹板
6. 灯箱：活动材	5	喷砂玻璃
7. 天花板：木架构的横、直向龙骨	36×30	柳安、松木、夹板龙骨
8. 天花板：表面板材	6	硅酸钙板
9. 灯箱：放置玻璃结构材	9	夹板

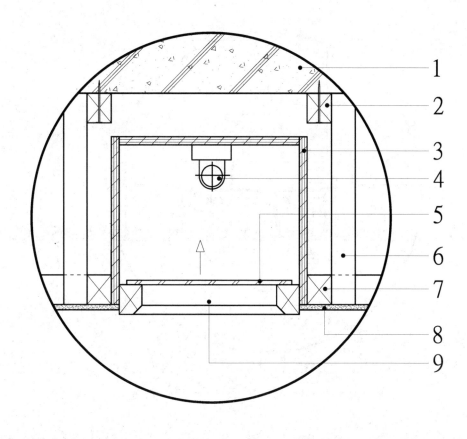

实木框玻璃灯箱		侧面剖图 比例 1:4

结构材名称	材料尺寸 /mm	材质
1. 钢筋混凝土结构	—	—
2. T 形吊筋：固定龙骨	36×30	柳安、松木、夹板龙骨
3. 灯箱：结构板材	9	夹板
4. 灯具	—	层板灯
5. 灯箱：活动材	5	喷砂玻璃
6. T 形吊筋：立向龙骨	36×30	柳安、松木、夹板龙骨
7. 灯箱：结构龙骨	36×30	柳安、松木、夹板龙骨
8. 天花板：表面板材	6	硅酸钙板
9. 玻璃固定龙骨	36×30	柳安、松木龙骨

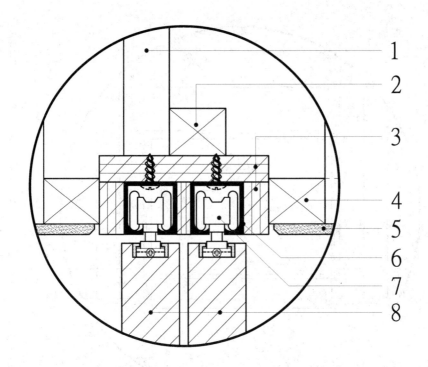

天花板两片式悬吊拉门		侧面剖图 比例 1 : 2
结构材名称	**材料尺寸 /mm**	**材质**
1. 吊筋：立向龙骨	36×30	柳安、松木、夹板龙骨
2. 铝轨固定：加强龙骨	36×30	柳安、松木、夹板龙骨
3. 铝轨固定：结构板材	15	夹板
4. 天花板：木架构龙骨	36×30	柳安、松木、夹板龙骨
5. 天花板：表面板材	6	硅酸钙板
6. 铝轨	—	—
7. 悬吊式拉门：轮轴组	—	—
8. 门片	—	实木

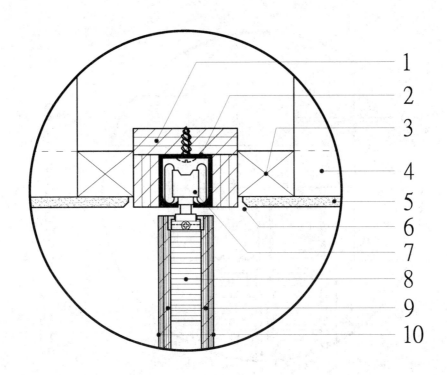

天花板单片式悬吊拉门		侧面剖图 比例1:2
结构材名称	材料尺寸/mm	材质
1.铝轨：固定板材	15	夹板
2.铝轨	—	—
3.天花板：木架构的纵向龙骨	36×30	柳安、松木、夹板龙骨
4.吊筋：直立向龙骨	36×30	柳安、松木、夹板龙骨
5.天花板：表面板材	6	硅酸钙板
6.板材交接预留间隙	3~5	
7.悬吊式拉门：轮轴组	—	
8.空心门片：木架构的龙骨	60×18	纵向胶合夹板龙骨
9.空心门片：结构板材	6	夹板
10.空心门片：表面装饰材	3	实木贴皮夹板

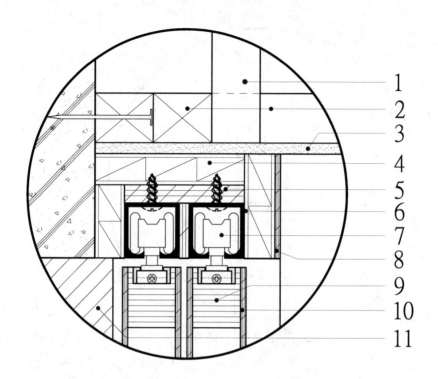

吸顶双片悬吊式拉门

侧面剖图
比例 1:2

结构材名称	材料尺寸/mm	材质
1. 天花板：吊筋的立向龙骨	36×30	柳安、松木、夹板龙骨
2. 天花板：木架构的纵、横向龙骨	36×30	柳安、松木、夹板龙骨
3. 天花板：表面板材	6	硅酸钙板
4. 铝轨固定：加厚板材	18	木芯板
5. 铝轨：固定板材	9	夹板
6. 铝轨	—	—
7. 悬吊式拉门：轮轴组	—	—
8. 木架构：表面装饰材	3	实木贴皮夹板
9. 空心门片：木架构的龙骨	36×30	纵向胶合夹板龙骨
10. 空心门片：表面装饰材	3	实木贴皮夹板
11. 门框	—	实木

地板

直铺 平铺 高架 形式

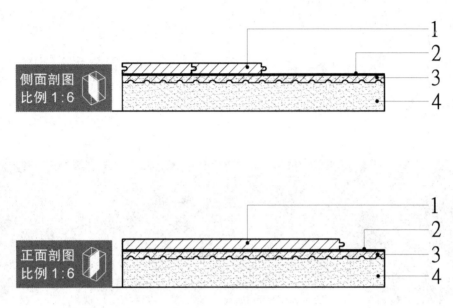

直铺无底板式地板		见上方图示
结构材名称	材料尺寸 /mm	材质
1. 面板	18	实木板材
2. 铝箔发泡垫	—	—
3. 地面铺材	—	瓷砖
4. 水泥砂浆	—	—

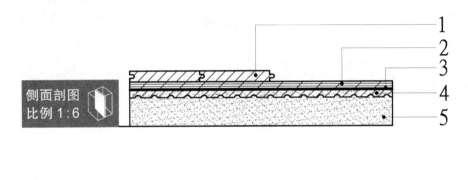

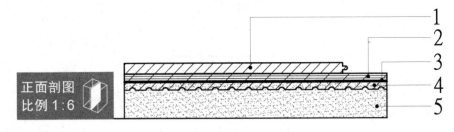

平铺式地板		见上方图示
结构材名称	材料尺寸 /mm	材质
1. 面板	18	实木板材
2. 底板	大于 12	夹板或木芯板
3. 铝箔发泡垫	—	—
4. 地面铺材	—	瓷砖
5. 水泥砂浆	—	—

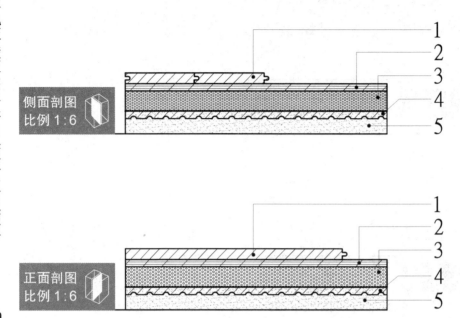

保丽龙板代替龙骨式高架地板		见上方图示
结构材名称	材料尺寸 /mm	材质
1. 高架地板：面板	18	实木板材
2. 高架地板：底板	12	夹板
3. 增高材	36	高密度保丽龙板
4. 地面铺材	—	瓷砖
5. 水泥砂浆	—	—

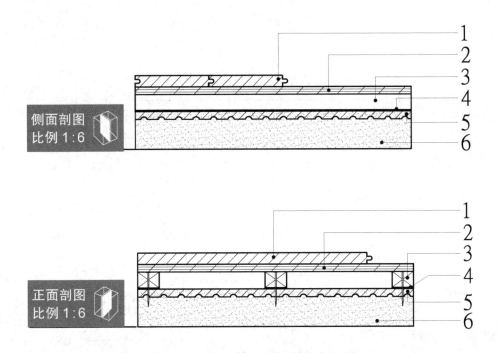

侧面剖图 比例 1:6

正面剖图 比例 1:6

直贴龙骨式高架地板		见上方图示
结构材名称	材料尺寸 /mm	材质
1. 高架地板：面板	18	实木板材
2. 高架地板：底板	大于 12	夹板或木芯板
3. 直贴龙骨：轨道式木架构	36×30	柳安、松木龙骨
4. 胶合剂	—	硅胶
5. 地面铺材	—	瓷砖
6. 水泥砂浆	—	—

直铺 一平铺 一高架 一形式

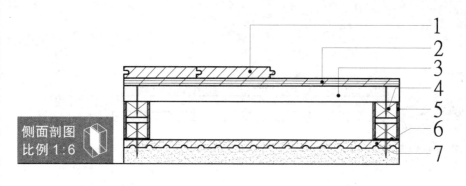

侧面剖图
比例 1:6

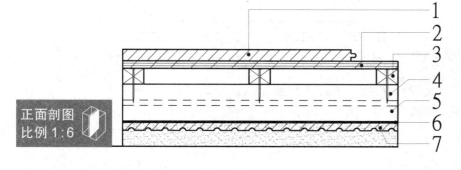

正面剖图
比例 1:6

空心承载板式高架地板	见上方图示	
结构材名称	材料尺寸 /mm	材质
1. 高架地板：面板	18	实木板材
2. 高架地板：底板	大于 12	夹板或木芯板
3. 轨道式木架构	36×30	柳安、松木龙骨
4. 承载板：结构龙骨	36×30	柳安、松木龙骨
5. 承载板：结构板材	6	夹板
6. 胶合剂	—	硅胶
7. 地面铺材	—	瓷砖

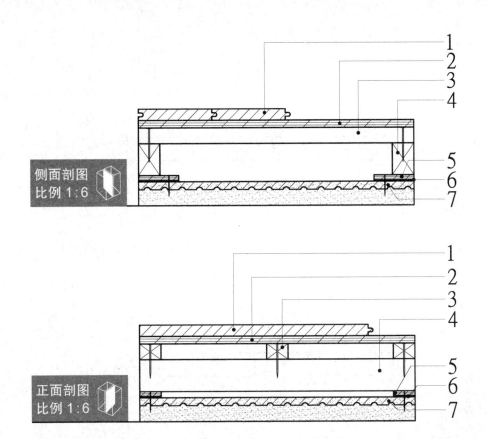

侧面剖图 比例 1:6

正面剖图 比例 1:6

承载龙骨式高架地板		见上方图示
结构材名称	材料尺寸/mm	材质
1. 高架地板：面板	18	实木板材
2. 高架地板：底板	大于 12	夹板或木芯板
3. 轨道式木架构	36×30	柳安、松木龙骨
4. 承载龙骨	60×36	柳安、松木龙骨
5. 地面：固定板材	—	夹板
6. 胶合剂	—	硅胶
7. 地面铺材	—	瓷砖

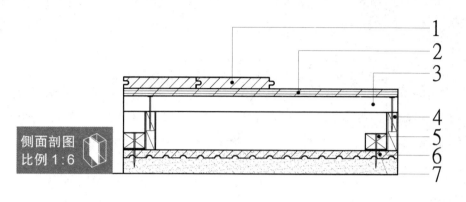

侧面剖图 比例 1:6

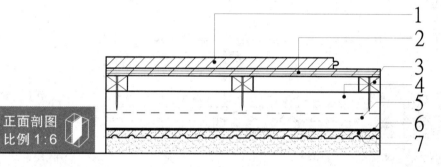

正面剖图 比例 1:6

直铺 平铺 高架 形式

承载板式高架地板		见上方图示

结构材名称	材料尺寸 /mm	材质
1. 高架地板：面板	18	实木板材
2. 高架地板：底板	大于 12	夹板或木芯板
3. 轨道式木架构	36×30	柳安、松木龙骨
4. 承载板	18	木芯板
5. 承载板：地面固定龙骨	36×30	柳安、松木龙骨
6. 胶合剂	—	硅胶
7. 地面铺材	—	瓷砖

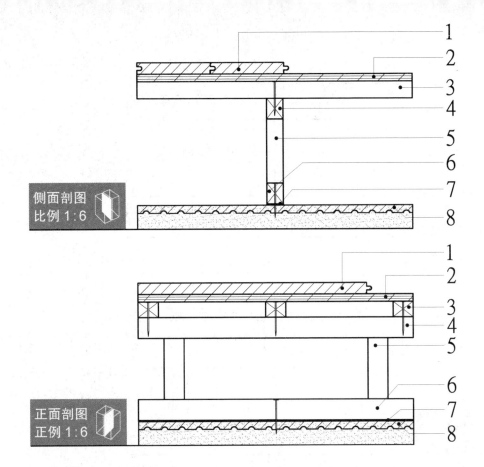

侧面剖图
比例 1:6

正面剖图
正例 1:6

支撑龙骨式高架地板 –1		见上方图示
结构材名称	材料尺寸 /mm	材质
1. 高架地板:面板	18	实木板材
2. 高架地板:底板	大于 12	夹板或木芯板
3. 轨道式木架构	36×30	柳安、松木龙骨
4. 承载龙骨	36×30	柳安、松木龙骨
5. 支撑龙骨	36×30	柳安、松木龙骨
6. 地面:固定龙骨	36×30	柳安、松木龙骨
7. 胶合剂	—	硅胶
8. 地面铺材	—	瓷砖

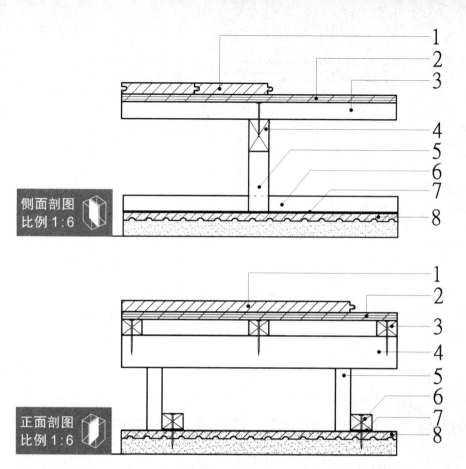

侧面剖图 比例 1:6

正面剖图 比例 1:6

支撑龙骨式高架地板 -2		见上方图示
结构材名称	材料尺寸 /mm	材质
1. 高架地板：面板	18	实木板材
2. 高架地板：底板	大于 12	夹板或木芯板
3. 轨道式木架构	36×30	柳安、松木龙骨
4. 承载龙骨	60×36	柳安、松木龙骨
5. 支撑龙骨	36×30	柳安、松木龙骨
6. 地面：固定龙骨	36×30	柳安、松木龙骨
7. 胶合剂	—	硅胶
8. 地面铺材	—	瓷砖

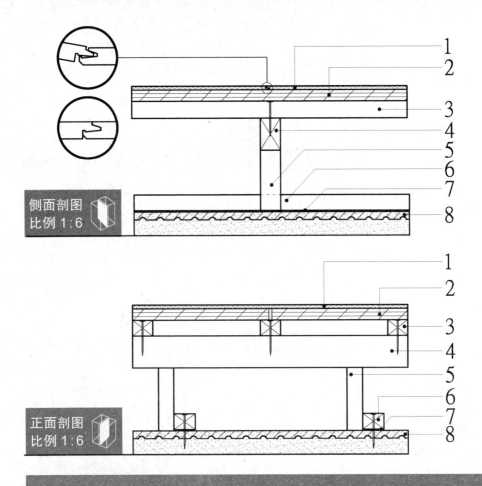

侧面剖图
比例 1:6

正面剖图
比例 1:6

■ 高架地板面贴卡扣板材		见上方图示
结构材名称	**材料尺寸 /mm**	**材质**
1. 高架地板：面板	6	卡扣地板
2. 高架地板：底板	18	夹板
3. 轨道式木架构	36×30	柳安实木龙骨
4. 承载龙骨	60×36	柳安实木龙骨
5. 支撑龙骨	36×30	柳安实木龙骨
6. 地面：固定龙骨	36×30	柳安实木龙骨
7. 胶合剂	—	硅胶
8. 地面铺材	—	瓷砖

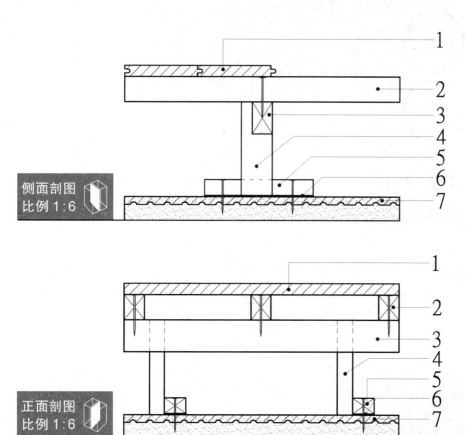

侧面剖图 比例 1:6

正面剖图 比例 1:6

▌无底板式高架地板		见上方图示
结构材名称	材料尺寸 /mm	材质
1. 高架地板：面板	18	长条形实木板材
2. 轨道式木架构	45×36	柳安、松木龙骨
3. 承载龙骨	60×36	柳安、松木龙骨
4. 支撑龙骨	60×36	柳安、松木龙骨
5. 地面：固定龙骨	36×30	柳安、松木龙骨
6. 胶合剂	—	硅胶
7. 地面铺材	—	瓷砖

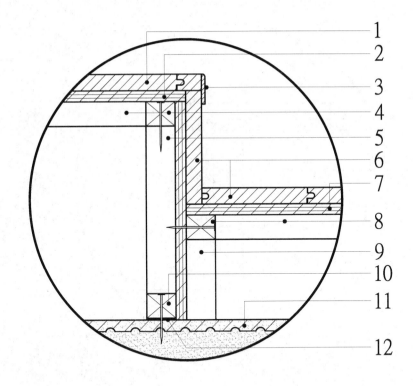

两阶式踏板		侧面剖图 比例 1:4
结构材名称	**材料尺寸 /mm**	**材质**
1. 高架地板：面板	18	实木板材
2. 高架地板：底板	12	夹板
3. 侧面封边	36	实木条
4. 地板：木架构的横、纵向龙骨	36×30	柳安、松木龙骨
5. 地板：支撑木架构	36×30	柳安、松木龙骨
6. 踏阶：横、立向板材	18	实木板材
7. 踏阶：底板	12	夹板
8. 踏阶：木架构	36×30	柳安、松木龙骨
9. 踏阶：木架构的支撑龙骨	36×30	柳安、松木龙骨
10. 踏阶：支撑木架构的固定龙骨	36×30	柳安、松木龙骨
11. 地面铺材	—	瓷砖
12. 胶合剂	—	硅胶

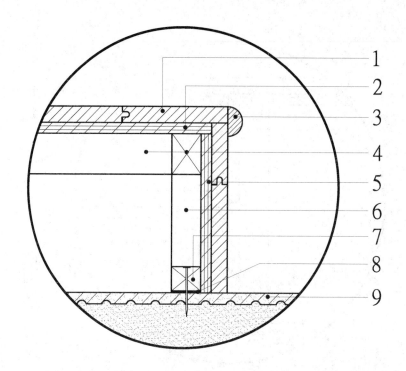

直铺 平铺 高架 形式

齐头式收尾		侧面剖图 比例 1:4
结构材名称	材料尺寸 /mm	材质
1. 高架地板：面板	18	实木板材
2. 高架地板：底板	12	夹板
3. 侧面封边	36	半圆实木条
4. 地板：木架构的横、纵向龙骨	45×36	柳安龙骨
5. 地板：立向木架构的底板	12	夹板
6. 地板：支撑木架构	36×30	柳安龙骨
7. 支撑木架构：固定龙骨	36×30	柳安龙骨
8. 胶合剂	—	硅胶
9. 地面铺材	—	瓷砖

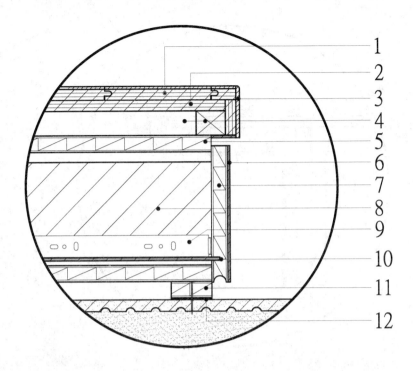

高架地板下：抽屉柜	侧面剖图 比例 1：4	

结构材名称	材料尺寸/mm	材质
1. 高架地板：面板	15	海岛型地板
2. 高架地板：底板	12	夹板
3. 侧面封边	60	实木条
4. 地板：木架构的横、纵向龙骨	36×30	柳安、松木龙骨
5. 柜体	18	木芯板
6. 抽屉：表面装饰材	3	实木贴皮夹板
7. 抽屉：结构板材的抽头	18	单面贴皮木芯板
8. 抽屉：结构材的抽墙	12	贴皮抽墙板
9. 三段式轨道	—	—
10. 抽屉：结构材的抽底	6	贴皮夹板
11. 水平加高辅助材	18	木芯板
12. 胶合剂		硅胶

直铺 平铺 高架 形式

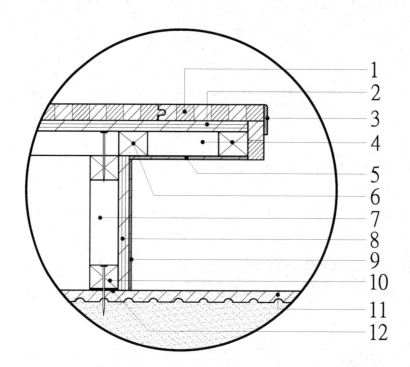

| 1 |
| 2 |
| 3 |
| 4 |
| 5 |
| 6 |
| 7 |
| 8 |
| 9 |
| 10 |
| 11 |
| 12 |

高架地板下：悬空	侧面剖图 比例 1:4

结构材名称	材料尺寸 /mm	材质
1. 高架地板：面板	18	实木拼板材
2. 高架地板：底板	12	夹板
3. 侧面封边	36	实木条
4. 地板：木架构的横、纵向龙骨	36×30	柳安、松木龙骨
5. 底部封板	6	夹板
6. 底部：封板固定板	36×30	柳安、松木龙骨
7. 地板：支撑木架构	36×30	柳安、松木龙骨
8. 支撑木架构：底板	12	夹板
9. 表面装饰材	3	实木贴皮夹板
10. 支撑木架构：固定龙骨	36×30	柳安、松木龙骨
11. 地面铺材	—	瓷砖
12. 胶合剂	—	硅胶

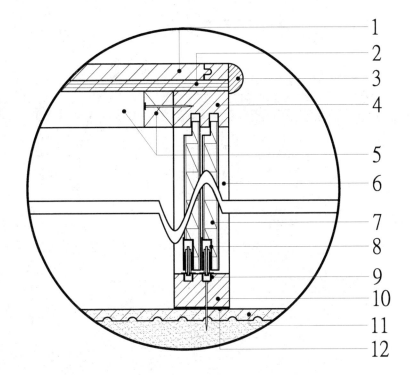

地板下拉门框组	侧面剖图 比例 1:4

结构材名称	材料尺寸 /mm	材质
1. 高架地板：面板	18	实木板材
2. 高架地板：底板	12	夹板
3. 侧面封边	36	半圆实木条
4. 拉门框：上斗料	75×45	实木材
5. 地板木架构：横、纵向龙骨	36×30	柳安、松木龙骨
6. 拉门框：立向材料	75×45	实木材
7. 门片	18	贴皮木芯板
8. T 形轮轴（外盖式）	—	—
9. T 形铝轨	—	—
10. 拉门框：下斗料	75×45	实木材
11. 地面铺材	—	瓷砖
12. 胶合剂	—	硅胶

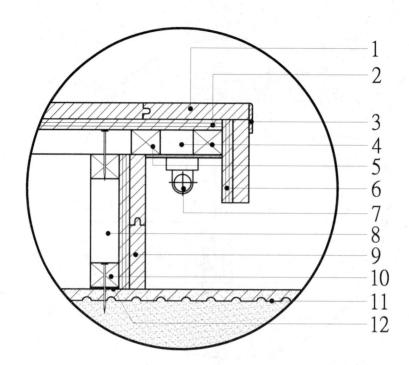

直铺 平铺 高架 形式

| 地板下嵌灯 | | 侧面剖图 比例 1：4 |

结构材名称	材料尺寸 /mm	材质
1. 高架地板：面板	18	实木板材
2. 高架地板：底板	12	夹板
3. 侧面封边	36	实木条
4. 地板：木架构的横、纵向龙骨	36×30	柳安、松木龙骨
5. 底部封板固定材	36×30	柳安、松木龙骨
6. 灯具挡板	12	夹板
7. 灯具	—	层板灯
8. 地板：支撑木架构的立向龙骨	36×30	柳安、松木龙骨
9. 立向面板	18	实木板材
10. 地板：支撑木架构的固定龙骨	36×30	柳安、松木龙骨
11. 地面铺材	—	瓷砖
12. 胶合剂	—	硅胶

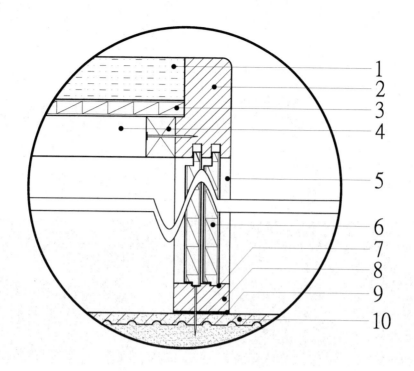

榙榙米地板下拉门框组		侧面剖图 比例 1:4

结构材名称	材料尺寸 /mm	材质
1. 高架地板：表面材	—	—
2. 高架地板：拉门上斗料	105×75	实木龙骨
3. 高架地板：底板	18	木芯板
4. 地板：木架构的横、纵向龙骨	45×36	柳安龙骨
5. 拉门：立向斗料	45×75	实木材
6. 拉门	18	贴皮木芯板
7. 塑胶滑带	—	—
8. 拉门：下斗料	45×75	实木材
9. 胶合剂	—	硅胶
10. 地面铺材	—	瓷砖

壁板

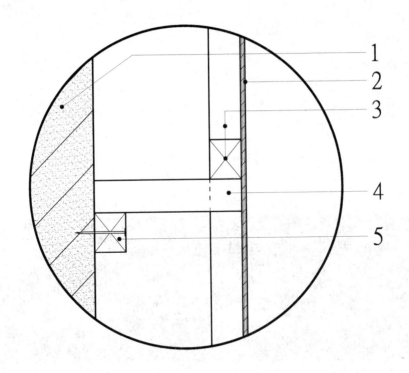

木架构壁板		侧面剖图 比例 1:3

结构材名称	材料尺寸 /mm	材质
1. 砖造墙	—	—
2. 表面装饰材	6	木纹板
3. 壁板：木架构的横、立向龙骨	36×30	柳安、松木、夹板龙骨
4. T 形架构：横向固定龙骨	36×30	柳安、松木、夹板龙骨
5. T 形架构：壁面固定龙骨	36×30	柳安、松木、夹板龙骨

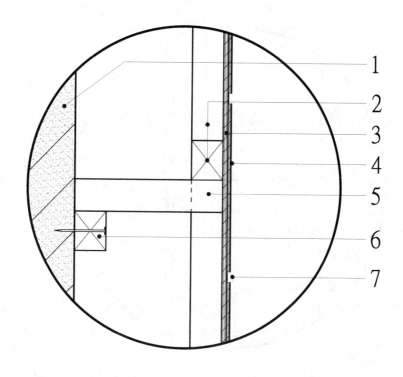

壁板贴附装饰材		侧面剖图 比例 1:3
结构材名称	**材料尺寸 /mm**	**材质**
1. 砖造墙	—	—
2. 壁板：木架构的横、立向龙骨	36×30	柳安、松木、夹板龙骨
3. 壁板：木架构的表面板材	6	夹板
4. 表面装饰材	3	贴皮夹板
5. T 形木架构：横向固定龙骨	36×30	柳安、松木、夹板龙骨
6. T 形木架构：壁面固定龙骨	36×30	柳安、松木、夹板龙骨
7. 板材交接企口	9	—

形式 —承板 —造型

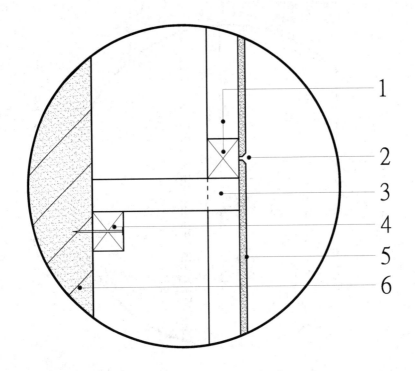

硅酸钙板壁板	侧面剖图 比例 1:3

结构材名称	材料尺寸 /mm	材质
1.壁板：木架构的横、立向龙骨	36×30	柳安、松木、夹板龙骨
2.板材交接：预留间隙	3~5	—
3.T 形架构：横向固定龙骨	36×30	柳安、松木、夹板龙骨
4.T 形架构：壁面固定龙骨	36×30	柳安、松木、夹板龙骨
5.壁板：木架构的表面板材	6	硅酸钙板
6.砖造墙	—	—

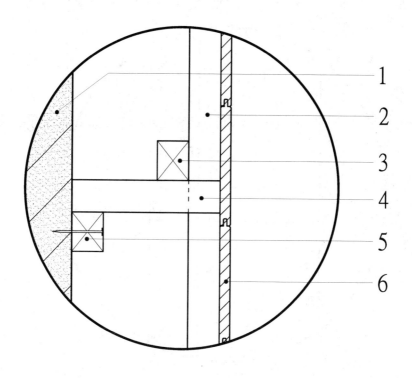

■ 松木板材壁板		侧面剖图 比例 1:3

结构材名称	材料尺寸 /mm	材质
1. 砖造墙	—	—
2. 轨道式木架构：横、立向龙骨	36×30	柳安、松木、夹板龙骨
3. 横向龙骨承材	36×30	柳安、松木、夹板龙骨
4. T 形架构：横向固定龙骨	36×30	柳安、松木、夹板龙骨
5. T 形架构：壁面固定龙骨	36×30	柳安、松木、夹板龙骨
6. 壁板：木架构的表面板材	9	长条形实木板材

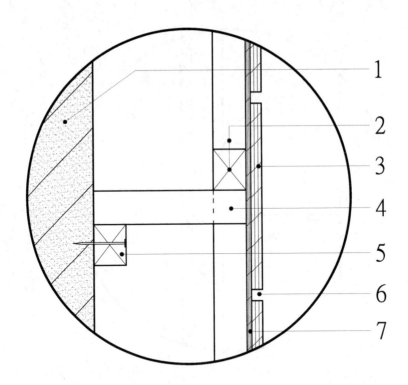

形式 — 承板 — 造型

| 企口造型壁板 | | 侧面剖图
比例 1:3 | |

结构材名称	材料尺寸 /mm	材质
1. 砖造墙	—	—
2. 壁板：木架构的横、立向龙骨	36×30	柳安、松木、夹板龙骨
3. 壁板：表面造型	9	夹板
4. 木架构：横向固定龙骨	36×30	柳安、松木、夹板龙骨
5. T 形架构：壁面固定龙骨	36×30	柳安、松木、夹板龙骨
6. 壁板：造型企口	—	—
7. 壁板：表面板材	6	夹板

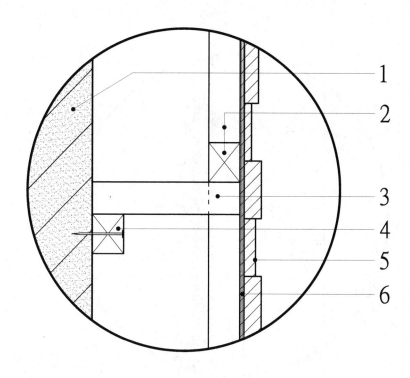

■ 壁板贴附实木拼板		侧面剖图 比例 1:3
结构材名称	**材料尺寸/mm**	**材质**
1.砖造墙	—	—
2.壁板：木架构的横、立向龙骨	36×30	柳安、松木、夹板龙骨
3.T形架构：横向固定龙骨	36×30	柳安、松木、夹板龙骨
4.T形架构：壁面固定龙骨	36×30	柳安、松木、夹板龙骨
5.表面装饰材	—	实木拼板
6.壁板：木架构的表面板材	6	夹板

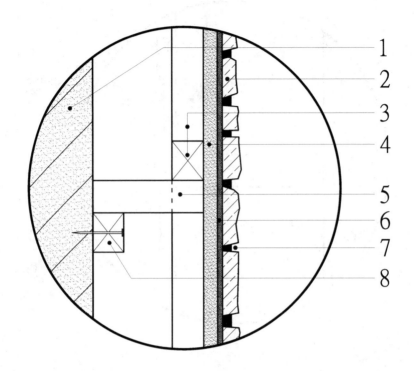

		1
		2
		3
		4
		5
		6
		7
		8

■ 壁板贴附文化石

侧面剖图
比例 1:3

结构材名称	材料尺寸 /mm	材质
1. 砖造墙	—	—
2. 表面装饰材	—	文化石
3. 壁板：木架构的横、立向龙骨	36×30	柳安、松木、夹板龙骨
4. 底板	9	水泥板或硅酸钙板
5. T 形架构：横向固定龙骨	36×30	柳安、松木、夹板龙骨
6. 胶合剂	—	益胶泥
7. 填缝剂	—	白水泥
8. T 形架构：壁面固定龙骨	36×30	柳安、松木、夹板龙骨

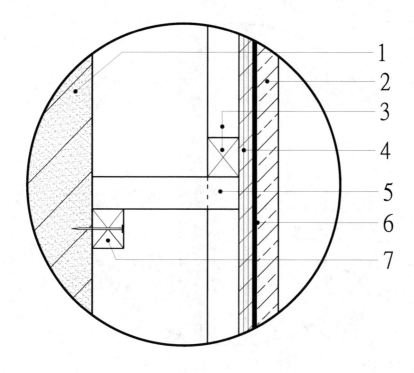

壁板贴附石材		侧面剖图 比例 1:3
结构材名称	**材料尺寸 /mm**	**材质**
1. 砖造墙	—	—
2. 表面装饰材	—	石材
3. 壁板：木架构的横、立向龙骨	36×30	柳安、松木、夹板龙骨
4. 壁板：木架构的表面板材	12	夹板
5. T 形架构：横向固定龙骨	36×30	柳安、松木、夹板龙骨
6. 胶合剂	—	万用胶
7. T 形架构：壁面固定龙骨	36×30	柳安、松木、夹板龙骨

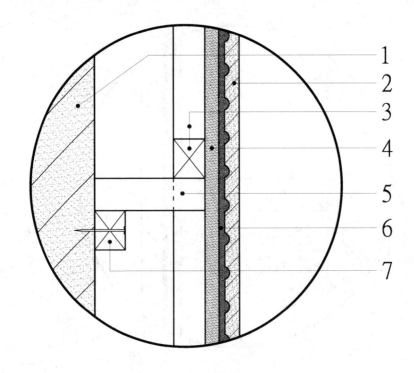

壁板贴附瓷砖		侧面剖图 比例 1:3
结构材名称	**材料尺寸 /mm**	**材质**
1. 砖造墙	—	—
2. 表面装饰材	—	瓷砖
3. 壁板：木架构的横、立向龙骨	36×30	柳安、松木、夹板龙骨
4. 壁板：木架构的表面板材	9	水泥板
5. T形架构：横向固定龙骨	36×30	柳安、松木、夹板龙骨
6. 胶合剂	—	益胶泥
7. T形架构：壁面固定龙骨	36×30	柳安、松木、夹板龙骨

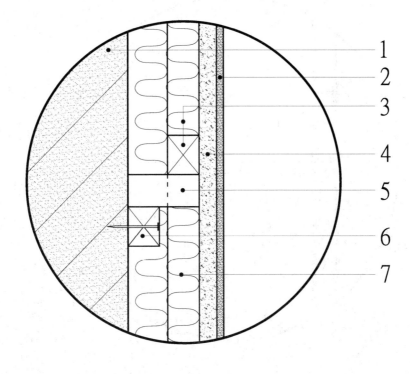

隔热耐燃壁板		侧面剖图 比例 1:3
结构材名称	**材料尺寸 /mm**	**材质**
1. 砖造墙	—	—
2. 壁板：防火板材	15	石膏板
3. 壁板：木架构的横、立向龙骨	36×30	柳安、松木、夹板龙骨
4. 壁板：木架构的表面板材	6	硅酸钙板
5. 壁板：T 形架构的横向固定龙骨	36×30	柳安、松木、夹板龙骨
6. 壁板：T 形架构的壁面固定龙骨	36×30	柳安、松木、夹板龙骨
7. 壁板：内部填充隔热材	60（单位为 kg/m³）	岩棉

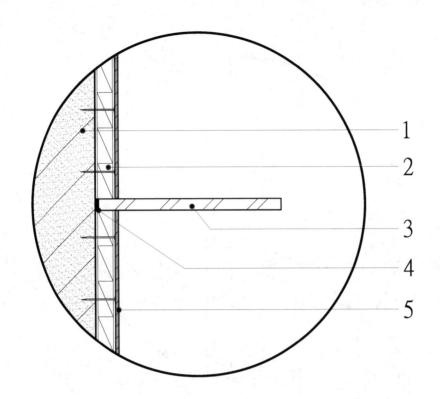

1
2
3
4
5

形式 | 承板 | 造型

■ 嵌入式玻璃承板		侧面剖图 比例 1:3
结构材名称	材料尺寸 /mm	材质
1. 砖造墙	—	—
2. 承板：固定材	18	木芯板
3. 承板	10	玻璃
4. 胶合剂	—	硅胶
5. 表面装饰材	3	贴皮夹板

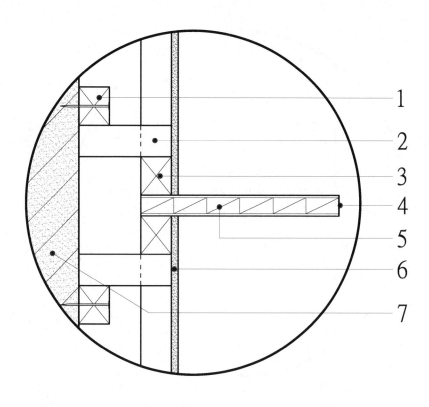

板材嵌入式承板	侧面剖图 比例 1：3	
结构材名称	材料尺寸 /mm	材质
1. T 形架构：壁面固定龙骨	36×30	柳安、松木、夹板龙骨
2. T 形架构：横向固定龙骨	36×30	柳安、松木、夹板龙骨
3. 承板：固定龙骨	36×30	柳安、松木、夹板龙骨
4. 正面封边	—	实木贴皮
5. 承板	18	实木贴皮木芯板
6. 壁板：木架构的表面板材	6	硅酸钙板
7. 砖造墙	—	

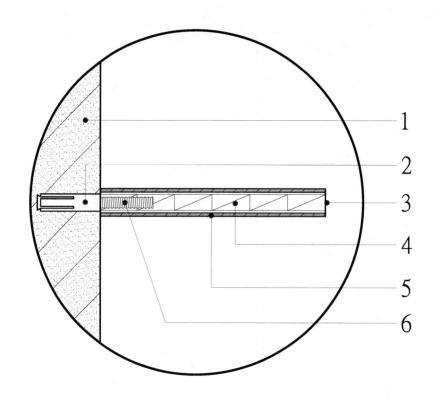

全牙螺杆固定式承板		侧面剖图 比例 1:3

结构材名称	材料尺寸 /mm	材质
1. 砖造墙	—	—
2. 固定构件	12	膨胀螺丝
3. 正面封边	—	实木贴皮
4. 承板	18	木芯板
5. 承板：表面装饰材	3	实木贴皮夹板
6. 全牙螺杆	9	铁

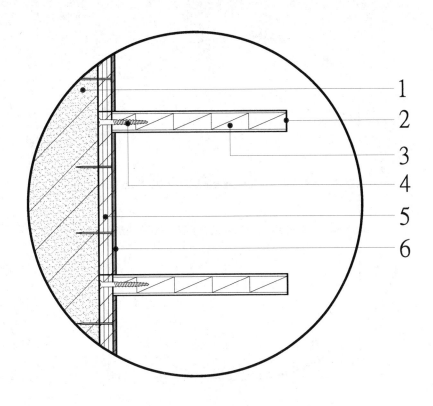

壁面固定式承板		侧面剖图 比例 1:3

结构材名称	材料尺寸 /mm	材质
1. 砖造墙	—	—
2. 正面封边	—	实木贴皮
3. 承板	18	双面实木贴皮木芯板
4. 承板固定螺钉	—	—
5. 承板：壁面固定板材	12	夹板
6. 壁面装饰材	3	实木贴皮夹板

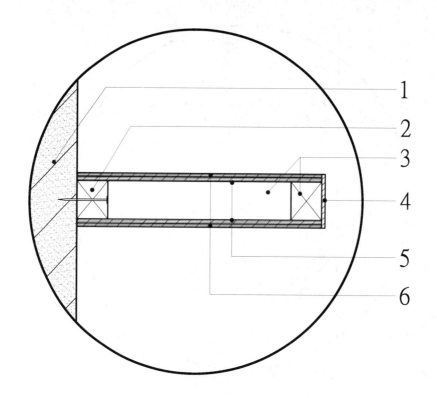

龙骨结构式承板		侧面剖图 比例 1:3
结构材名称	**材料尺寸/mm**	**材质**
1. 砖造墙	—	—
2. 承板：壁面固定龙骨	36×30	柳安、松木、夹板龙骨
3. 承板：木架构的结构龙骨	36×30	柳安、松木、夹板龙骨
4. 正面封边	—	实木条
5. 承板：结构板材	6	夹板
6. 承板：表面装饰材	3	实木贴皮夹板

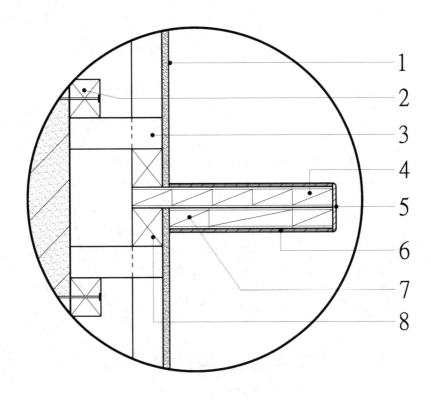

板材嵌入式：加厚承板	侧面剖图 比例 1:3	

结构材名称	材料尺寸 /mm	材质
1. 壁板：木架构的表面板材	6	硅酸钙板
2. T 形架构：壁面固定龙骨	36×30	柳安、松木、夹板龙骨
3. T 形架构：横向固定龙骨	36×30	柳安、松木、夹板龙骨
4. 承板：主结构板材	18	木芯板
5. 正面封边	45	实木条
6. 承板：表面装饰材	3	实木贴皮夹板
7. 承板：加厚板材	18	木芯板
8. 承板：固定龙骨	36×30	柳安、松木、夹板龙骨

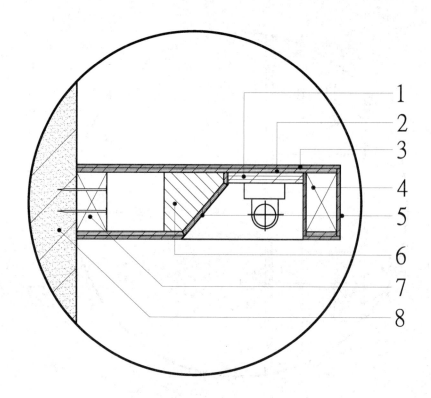

龙骨结构式：承板内嵌灯		侧面剖图 比例 1：3

结构材名称	材料尺寸 /mm	材质
1. 灯具：固定辅助材	9	夹板
2. 承板：结构板材	6	夹板
3. 承板：表面装饰材	3	实木贴皮夹板
4. 承板：木架构的结构龙骨	60×30	柳安、松木、夹板龙骨
5. 正面封边	—	实木贴皮
6. 承板：结构板材	18	木芯板
7. 承板：固定龙骨	60×30	柳安、松木、夹板龙骨
8. 砖造墙	—	—

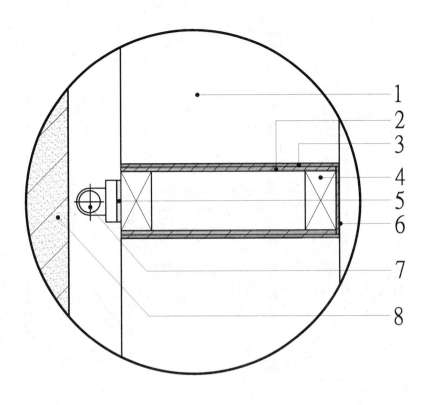

龙骨结构式：承板后嵌灯		侧面剖图 比例 1:3

结构材名称	材料尺寸 /mm	材质
1. 柜体：立向板材	18	实木贴皮木芯板
2. 承板：结构板材	6	夹板
3. 承板：表面装饰材	3	实木贴皮夹板
4. 承板：木架构的结构龙骨	60×30	柳安、松木、夹板龙骨
5. 灯具固定材	—	双面胶
6. 正面封边	—	实木贴皮
7. 灯具	—	层板灯
8. 砖造墙	—	—

形式 — 承板 — 造型

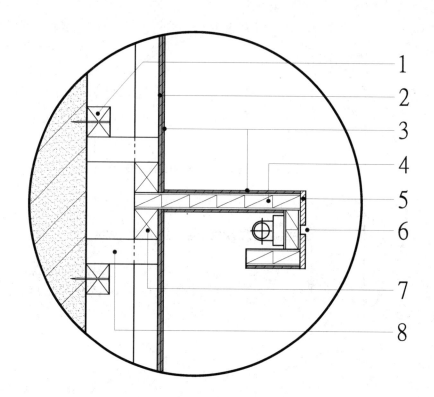

板材嵌入式：加厚承板内嵌灯 –1	侧面剖图 比例 1：4

结构材名称	材料尺寸 /mm	材质
1. T 形架构：壁面固定龙骨	36×30	柳安、松木、夹板龙骨
2. 壁板：木架构的表面板材	6	夹板
3. 表面装饰材	3	实木贴皮夹板
4. 承板：内部主结构板材	18	木芯板
5. 正面封边	45×60	实木条
6. 造型企口	6	—
7. 承板：固定龙骨	36×30	柳安、松木、夹板龙骨
8. T 形架构：横向固定龙骨	36×30	柳安、松木、夹板龙骨

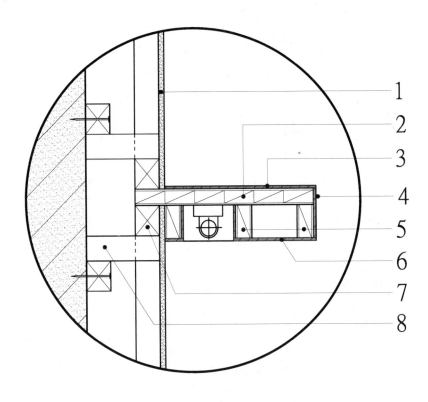

板材嵌入式：加厚承板内嵌灯 -2	侧面剖图 比例 1：4

结构材名称	材料尺寸 /mm	材质
1. 壁板：木架构的表面板材	6	硅酸钙板
2. 承板：主结构板材	18	木芯板
3. 表面装饰材	3	实木贴皮夹板
4. 正面封边	—	实木贴皮
5. 承板：加厚结构板材	18	木芯板
6. 承板：结构板材	3	实木贴皮夹板
7. 承板：固定龙骨	36×30	柳安、松木、夹板龙骨
8. T 形木架构：横向固定龙骨	36×30	柳安、松木、夹板龙骨

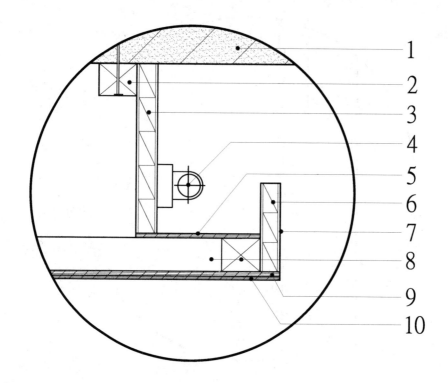

造型壁面内嵌灯	平面剖图 比例 1:3	

结构材名称	材料尺寸/mm	材质
1. 砖造墙	—	—
2. 遮光板：固定龙骨	36×30	柳安、松木、夹板龙骨
3. 遮光板	18	木芯板
4. 灯具	—	层板灯
5. 遮光板	6	夹板
6. 灯具挡板	18	木芯板
7. 侧面封边	—	实木贴皮
8. 壁板：木架构的横、直向龙骨	36×30	柳安、松木、夹板龙骨
9. 壁板：木架构的表面板材	6	夹板
10. 表面装饰材	3	贴皮夹板

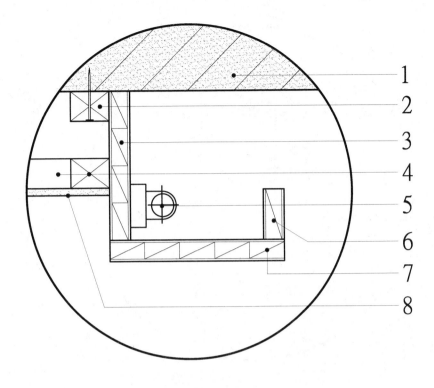

壁面造型框 -1	平面剖图 比例 1:3

结构材名称	材料尺寸 /mm	材质
1. 砖造墙	—	—
2. 遮光板：固定龙骨	36×30	柳安、松木、夹板龙骨
3. 遮光板	18	木芯板
4. 壁板：木架构的横、纵向龙骨	36×30	柳安、松木、夹板龙骨
5. 灯具	—	层板灯
6. 灯具挡板	18	木芯板
7. 壁面造型：结构板材	18	木芯板
8. 壁板：木架构的表面板材	6	硅酸钙板

形式 承板 造型

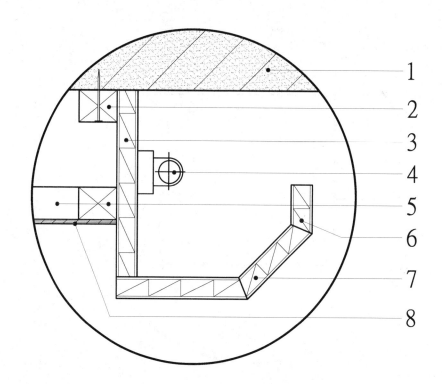

结构材名称	材料尺寸 /mm	材质
1. 砖造墙	—	—
2. 遮光板：固定龙骨	36×30	柳安、松木、夹板龙骨
3. 遮光板	18	木芯板
4. 灯具	—	层板灯
5. 壁板：木架构的横、纵向龙骨	36×30	柳安、松木、夹板龙骨
6. 灯具挡板	18	木芯板
7. 壁面造型：结构板材	18	木芯板
8. 壁板：木架构的表面板材	6	夹板

壁面造型框 –2

平面剖图
比例 1:3

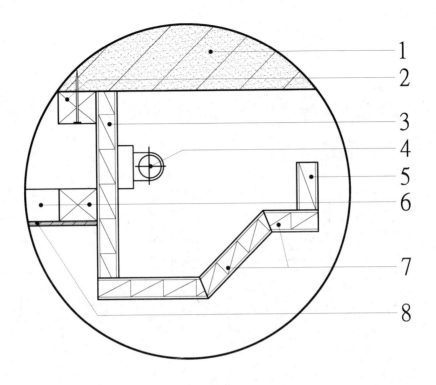

结构材名称	材料尺寸 /mm	材质
壁面造型框 -3		平面剖图 比例 1:3
1. 砖造墙	—	—
2. 遮光板：固定龙骨	36×30	柳安、松木、夹板龙骨
3. 遮光板	18	木芯板
4. 灯具	—	层板灯
5. 灯具挡板	18	木芯板
6. 壁板：木架构的横、纵向龙骨	36×30	柳安、松木、夹板龙骨
7. 壁面造型：结构板材	18	木芯板
8. 壁板：木架构的表面板材	6	夹板

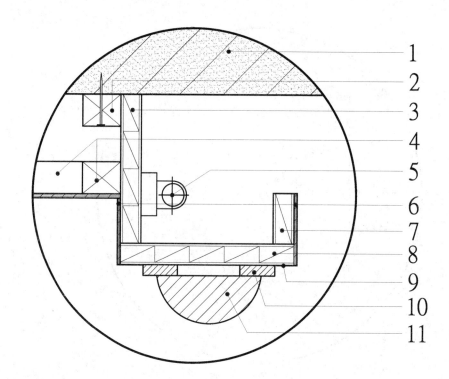

结构材名称	材料尺寸 /mm	材质
壁面造型框：外加线板 −1		平面剖图 比例 1:3
1. 砖造墙	—	—
2. 遮光板：固定龙骨	36×30	柳安、松木、夹板龙骨
3. 遮光板	18	木芯板
4. 壁板：木架构的横、纵向龙骨	36×30	柳安、松木、夹板龙骨
5. 灯具	—	层板灯
6. 表面装饰材	3	实木贴皮夹板
7. 灯具挡板	18	木芯板
8. 壁面造型：结构板材	18	木芯板
9. 正面封边	—	实木贴皮
10. 表面造型结构板材	9×30	实木条
11. 表面造型结构板材	90	实木半圆线板

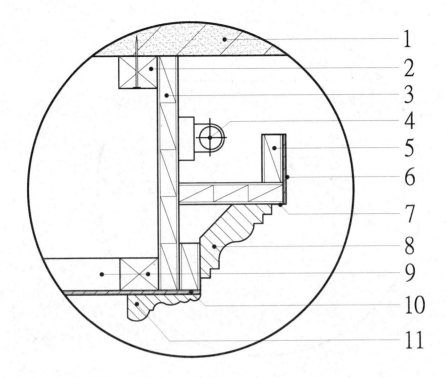

壁面造型框：外加线板 −2	平面剖图 比例 1:3	

结构材名称	材料尺寸 /mm	材质
1. 砖造墙	—	—
2. 遮光板：固定龙骨	36×30	柳安、松木、夹板龙骨
3. 遮光板	18	木芯板
4. 灯具	—	层板灯
5. 灯具挡板	18	木芯板
6. 表面装饰材	3	贴皮夹板
7. 侧面封边	—	实木贴皮
8. 造型板材	90	船形实木线板
9. 壁板：木架构的横、纵向龙骨	36×30	柳安、松木、夹板龙骨
10. 壁板：木架构的表面板材	6	夹板
11. 造型板材	60	斜边实木线板

形式 承板 造型

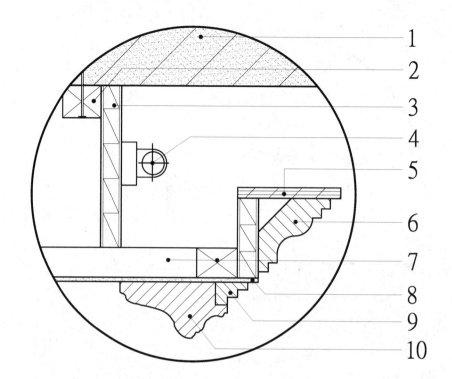

| 壁面造型框：外加线板 –3 | 平面剖图 比例 1:3 |

结构材名称	材料尺寸 /mm	材质
1. 砖造墙	—	—
2. 遮光板：固定龙骨	36×30	柳安、松木、夹板龙骨
3. 遮光板	18	木芯板
4. 灯具	—	层板灯
5. 造型结构材	9	夹板
6. 造型板材	90	船形实木线板
7. 壁板：木架构的横、纵向龙骨	36×30	柳安、松木、夹板龙骨
8. 壁板：木架构的表面板材	6	硅酸钙板
9. 造型板材	21	实木材
10. 造型板材	90	画框线板

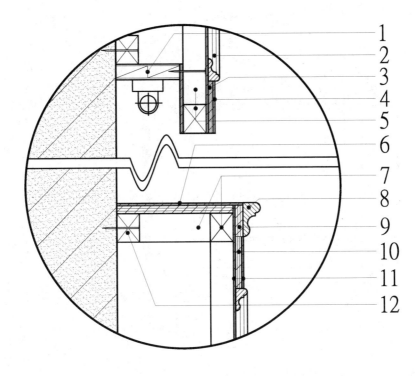

	侧面剖图 比例 1:4
壁面造型下嵌灯	

结构材名称	材料尺寸 /mm	材质
1. 承板灯：固定板材	18	木芯板
2. 造型板材	24	斜边实木线板
3. 壁面造型：加厚板材	5	夹板
4. 壁面造型：表面装饰材	3	实木贴皮夹板
5. 壁板：木架构的纵、立向龙骨	36×30	柳安、松木、夹板龙骨
6. 台面：装饰材	3	实木贴皮夹板
7. 壁板：木架构的横、纵向龙骨	36×30	柳安、松木、夹板龙骨
8. 台面造型	45	斜边实木条
9. 台面：结构板材	9	夹板
10. 壁面造型：加厚板材	5	夹板
11. 壁面造型：表面装饰材	3	实木贴皮夹板
12. 台面：木架构的固定龙骨	36×30	柳安、松木、夹板龙骨

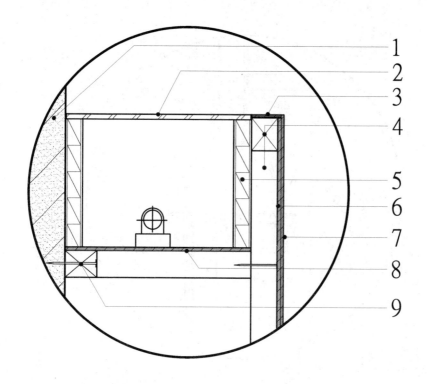

壁面造型：上置灯箱		侧面剖图 比例 1：4

结构材名称	材料尺寸 /mm	材质
1. 砖造墙	—	—
2. 玻璃	5	喷砂玻璃
3. 侧面封边	—	实木贴皮
4. 壁板：木架构的纵、立向龙骨	36×30	柳安、松木、夹板龙骨
5. 灯箱：结构材	18	木芯板
6. 壁板：木架构的表面板材	6	夹板
7. 壁板：表面装饰材	3	实木贴皮夹板
8. 灯箱：结构材	6	夹板
9. 壁板：木架构的固定龙骨	36×30	柳安、松木、夹板龙骨

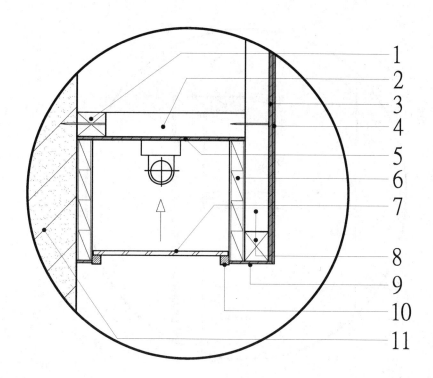

壁面造型：下置灯箱	侧面剖图比例 1∶4

结构材名称	材料尺寸 /mm	材质
1. 壁板：木架构的固定龙骨	—	柳安、松木、夹板龙骨
2. 灯具：固定龙骨	36×30	柳安、松木、夹板龙骨
3. 壁板：木架构的表面板材	36×30	夹板
4. 壁板：表面装饰材	6	实木贴皮夹板
5. 灯箱：结构材	3	夹板
6. 灯箱：结构材	6	木芯板
7. 玻璃	5	喷砂玻璃
8. 壁板：木架构的纵、立向龙骨	36×30	柳安、松木、夹板龙骨
9. 下面封边	—	实木贴皮
10. 玻璃：固定材	9×9	实木
11. 砖造墙	—	—

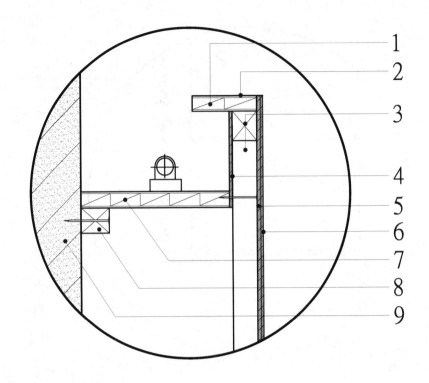

结构材名称	材料尺寸 /mm	材质
壁面造型：上嵌灯	侧面剖图 比例 1：4	
1. 灯具挡板	18	木芯板
2. 侧面封边	—	实木贴皮
3. 壁板：木架构的纵、立向龙骨	36×30	柳安、松木、夹板龙骨
4. 遮光板	6	夹板
5. 壁板：木架构的表面板材	6	夹板
6. 壁板：表面装饰材	3	实木贴皮夹板
7. 灯具：固定板材	18	木芯板
8. 壁板：木架构的固定龙骨	36×30	柳安、松木、夹板龙骨
9. 砖造墙	—	—

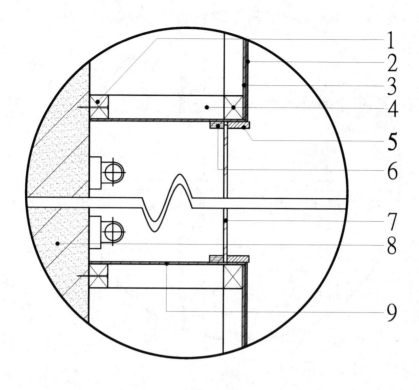

壁面造型：灯箱 -1		侧面剖图 比例 1:5

结构材名称	材料尺寸 /mm	材质
1. 壁板：木架构的固定龙骨	36×30	柳安、松木、夹板龙骨
2. 壁板：表面装饰材	3	实木贴皮夹板
3. 壁板：木架构的表面板材	6	夹板
4. 壁板：木架构的横、纵向龙骨	36×30	柳安、松木、夹板龙骨
5. 玻璃：固定压条（外）	24×9	实木条
6. 玻璃：固定板材（内）	9	夹板
7. 玻璃	5	喷砂玻璃
8. 砖造墙	—	—
9. 灯箱：结构板材	6	夹板

形式—承板—造型

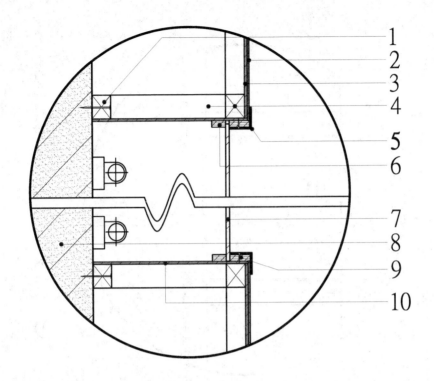

	侧面剖图 比例 1:5
壁面造型：灯箱 -2	

结构材名称	材料尺寸 /mm	材质
1. 壁板：木架构的固定龙骨	36×30	柳安、松木、夹板龙骨
2. 壁板：表面装饰材	3	实木贴皮夹板
3. 壁板：木架构的表面板材	6	夹板
4. 壁板：木架构的横、纵向龙骨	36×30	柳安、松木、夹板龙骨
5. L 形可拆式固定压条	30×30	金属（塑胶）压条
6. 玻璃：固定板材（内）	9	夹板
7. 玻璃	5	喷砂玻璃
8. 砖造墙	—	—
9. 压条固定螺钉	—	—
10. 灯箱：结构板材	6	夹板

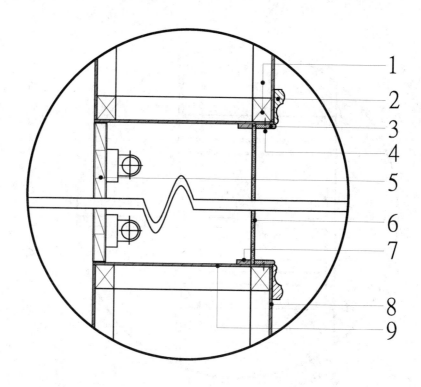

■ 壁面造型：灯箱 –3		侧面剖图 比例 1 : 5

结构材名称	材料尺寸 /mm	材质
1. 灯箱：木架构的纵、立向龙骨	36×30	柳安、松木、夹板龙骨
2. 灯箱造型材	45	实木斜边线板
3. 灯箱可拆式固定压条	6	子弹形实木线板
4. 固定螺钉	—	—
5. 灯具维修门片	18	木芯板
6. 亚克力板	6	雾面板①
7. 亚克力板：固定板材（内）	5	夹板
8. 灯箱：木架构的表面板材	6	夹板
9. 灯箱内部：表面板材	6	夹板

注① 指不透明，但可采光的亚克力。

133

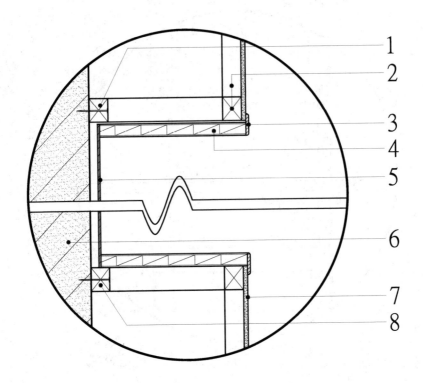

	侧面剖图 比例 1:5
■ 壁面造型:内嵌柜	

结构材名称	材料尺寸/mm	材质
1. 壁板:木架构的固定龙骨	36×30	柳安、松木、夹板龙骨
2. 壁板:木架构的纵、立向龙骨	36×30	柳安、松木、夹板龙骨
3. 柜体正面封边	24	实木条
4. 柜体	18	实木贴皮木芯板
5. 柜体:背板	3	实木贴皮夹板
6. 砖造墙	—	—
7. 壁板:木架构的表面板材	6	硅酸钙板
8. 柜体:壁面固定龙骨	36×30	柳安、松木、夹板龙骨

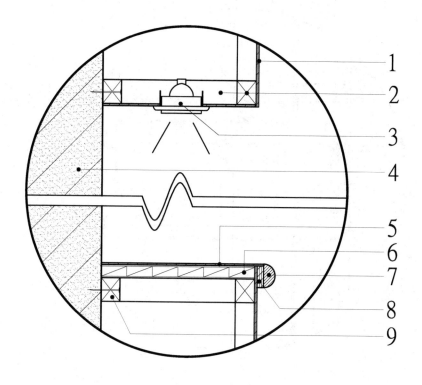

1
2
3
4
5
6
7
8
9

壁面造型：台面上嵌灯	侧面剖图 比例 1:5

结构材名称	材料尺寸/mm	材质
1.壁板：木架构的表面板材	6	夹板
2.壁板：木架构的横、纵向龙骨	36×30	柳安、松木、夹板龙骨
3.灯具	70	嵌灯
4.砖造墙	—	—
5.台面：表面装饰板	3	实木贴皮夹板
6.台面：主结构板材	18	木芯板
7.台面：造型板材	36	半圆实木线板
8.台面：加厚板材	9	夹板
9.台面：固定龙骨	36×30	柳安、松木、夹板龙骨

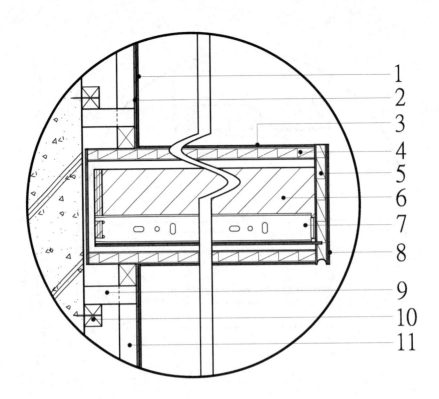

结构材名称	材料尺寸/mm	材质
床头造型：内嵌式床边柜	侧面剖图 比例 1:5	
1. 床头造型：表面装饰材	3	实木贴皮夹板
2. 床头造型：木架构的表面结构材	6	夹板
3. 床边柜：表面装饰材	3	实木贴皮夹板
4. 柜体：上顶板	18	木芯板
5. 抽屉：结构板材的抽头	18	单面贴皮木芯板
6. 抽屉：结构板材的抽墙	12	贴皮抽墙板
7. 抽屉三段式轨道	—	—
8. 抽屉表面装饰材	3	实木贴皮夹板
9. 床头造型：横向固定龙骨	36×30	柳安、松木、夹板龙骨
10. 床头造型：壁面固定龙骨	36×30	柳安、松木、夹板龙骨
11. 床头造型：木架构龙骨	36×30	柳安、松木、夹板龙骨

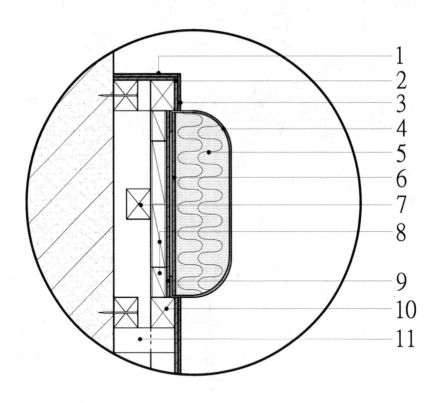

床头造型：内嵌式软垫	侧面剖图 比例 1:4

结构材名称	材料尺寸 /mm	材质
1. 床头造型：台面正面封边	—	实木皮
2. 床头造型：木架构的结构板材	6	夹板
3. 床头造型：表面装饰材	3	实木贴皮夹板
4. 软垫表面材	—	皮革或布
5. 软垫填充材	—	高密度泡棉
6. 软垫固定板材	6	夹板
7. 软垫固定架构：加强龙骨	36×30	柳安、松木、夹板龙骨
8. 软垫固定横：直向木架构	18	木芯板
9. 软垫固定结构板材	6	夹板
10. 床头造型：木架构	36×30	柳安、松木、夹板龙骨
11. 床头造型：T 形架构的固定龙骨	36×30	柳安、松木、夹板龙骨

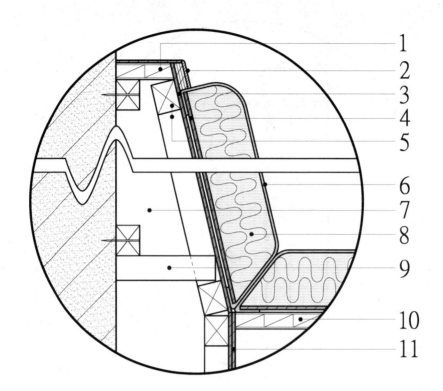

斜背坐柜		侧面剖图 比例 1:4
结构材名称	材料尺寸 /mm	材质
1. 坐柜：台面结构材	18	木芯板
2. 斜背：台面封边	—	实木条
3. 斜背：结构板材	6	夹板
4. 软垫固定板材	6	夹板
5. 斜背：结构龙骨	36×30	柳安、松木、夹板龙骨
6. 软垫表面材	—	皮革
7. 坐柜：两侧外框板材	18	木芯板
8. 软垫填充材	—	高密度泡棉
9. 斜背T形固定架构	36×30	柳安、松木、夹板龙骨
10. 坐柜：上顶板	18	木芯板
11. 坐柜：背板	6	贴皮夹板

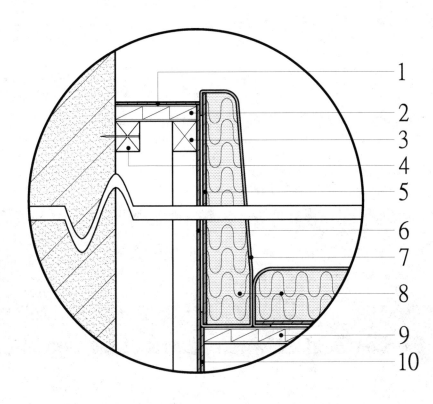

■ 直背坐柜	侧面剖图 比例 1：4	
结构材名称	**材料尺寸 /mm**	**材质**
1. 坐柜：台面表面材	3	实木贴皮夹板
2. 台面主结构板材	18	木芯板
3. 壁板：木架构龙骨	36×30	柳安、松木、夹板龙骨
4. 壁板：木架构壁面固定龙骨	36×30	柳安、松木、夹板龙骨
5. 软垫固定板材	6	夹板
6. 壁板：木架构表面材	6	夹板
7. 软垫表面材	—	皮革或布
8. 软垫填充材	—	高密度泡棉
9. 坐柜：上顶板	18	木芯板
10. 坐柜：背板	6	贴皮夹板

隔屏

踢脚线—造型

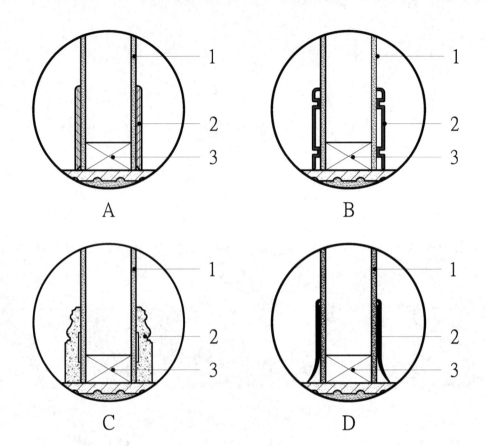

结构材名称	材料尺寸 /mm	材质
1. 隔屏：表面板材	6	硅酸钙板
2. 踢脚线（A2）	—	塑胶贴皮夹板
踢脚线（B2）	—	塑胶板材
踢脚线（C2）	—	发泡板材
踢脚线（D2）	—	塑胶板材
3. 隔屏：木架构	60×36	实木龙骨

踢脚线

侧面剖图
比例 1:4

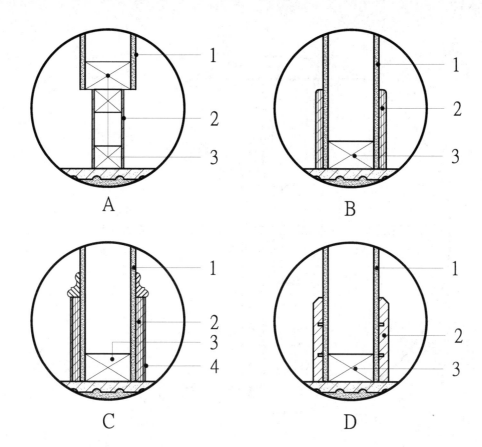

A

B

C

D

木作隔屏踢脚线	侧面剖图 比例 1:4	

结构材名称	材料尺寸 /mm	材质
1. 隔屏：表面板材	6	硅酸钙板
2. 踢脚线（A2）	—	内缩式木架构
踢脚线（B2）	9	夹板面油漆
踢脚线（C2）	7	夹板
踢脚线（D2）	12	实木板材
3. 隔屏：木架构	60×36	实木龙骨
4. 踢脚线表面装饰材	3	实木贴皮夹板

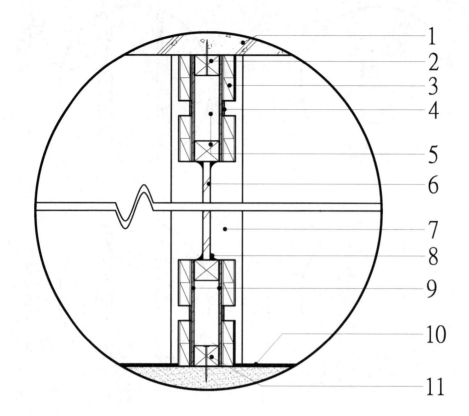

结构材名称	材料尺寸/mm	材质
1. 钢筋混凝土结构	—	—
2. 隔屏：木架构的天花板固定龙骨	36×30	柳安、松木、夹板龙骨
3. 隔屏：造型板材	18	贴皮木芯板
4. 隔屏：造型企口装饰材	3	贴皮夹板
5. 隔屏：纵、立向结构龙骨	36×30	柳安、松木、夹板龙骨
6. 玻璃	10	强化玻璃
7. 隔屏：立柱	—	—
8. 玻璃固定胶合剂	—	硅胶
9. 隔屏：结构材	6	夹板
10. 地面铺材	3 厚	PVC 地砖
11. 隔屏：木架构的地面固定龙骨	36×30	柳安、松木、夹板龙骨

■ 木作造型框玻璃隔屏 −1　　　侧面剖图　比例 1:5

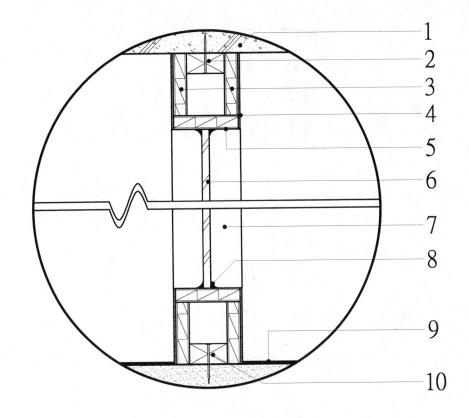

| 木作造型框玻璃隔屏 –2 | 侧面剖图 比例 1:5 |

结构材名称	材料尺寸 /mm	材质
1. 钢筋混凝土结构	—	—
2. 隔屏：木架构的天花板固定龙骨	54×30	柳安、松木、夹板龙骨
3. 隔屏：造型框结构材	18	木芯板
4. 隔屏：造型框装饰材	3	实木贴皮夹板
5. 隔屏：造型框侧面封边	—	实木贴皮
6. 玻璃	10	强化玻璃
7. 隔屏：立柱	—	—
8. 玻璃固定胶合剂	—	硅胶
9. 地面铺材	3 厚	PVC 地砖
10. 隔屏：木架构的地面固定龙骨	54×30	柳安、松木、夹板龙骨

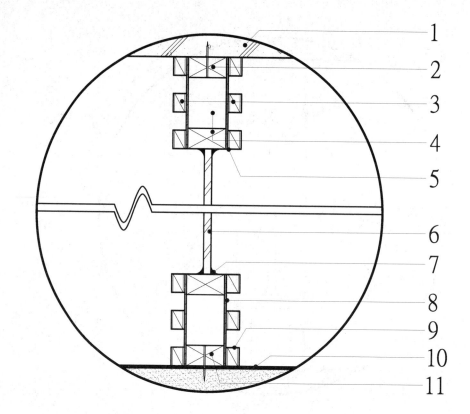

1
2
3
4
5
6
7
8
9
10
11

木作造型框玻璃隔屏 –3	侧面剖图 比例 1:5

结构材名称	材料尺寸 /mm	材质
1. 钢筋混凝土结构	—	—
2. 隔屏：木架构的天花板固定龙骨	60×30	柳安、松木、夹板龙骨
3. 隔屏：造型结构材	18	实木贴皮木芯板
4. 隔屏：纵、立向结构龙骨	60×30	柳安、松木、夹板龙骨
5. 隔屏：侧面封边	—	实木贴皮
6. 玻璃	10	强化玻璃
7. 玻璃固定胶合剂	—	硅胶
8. 隔屏：结构板材	3	实木贴皮夹板
9. 隔屏：造型板材侧面封边	—	实木贴皮
10. 地面铺材	3 厚	PVC 地砖
11. 隔屏：木架构的地面固定龙骨	60×30	柳安、松木、夹板龙骨

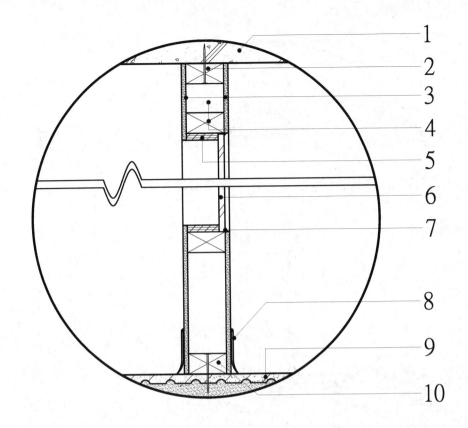

1
2
3
4
5
6
7
8
9
10

■ 木框玻璃隔屏 -1		侧面剖图 比例 1:5

结构材名称	材料尺寸 /mm	材质
1. 钢筋混凝土结构	—	—
2. 隔屏:木架构的天花板固定龙骨	54×30	柳安、松木、夹板龙骨
3. 隔屏:表面板材	6	硅酸钙板
4. 隔屏:纵、立向结构龙骨	54×30	柳安、松木、夹板龙骨
5. 隔屏:玻璃固定结构材	9	夹板
6. 玻璃	8	强化清玻璃
7. 玻璃固定胶合剂	—	硅胶
8. 踢脚线	—	—
9. 地面铺材	3 厚	瓷砖
10. 隔屏:木架构的地面固定龙骨	54×30	柳安、松木、夹板龙骨

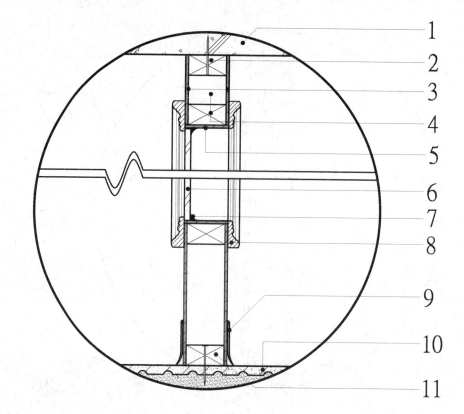

1
2
3
4
5
6
7
8
9
10
11

木框玻璃隔屏 –2		侧面剖图 比例 1:5

结构材名称	材料尺寸 /mm	材质
1. 钢筋混凝土结构	—	—
2. 隔屏：木架构的天花板固定龙骨	54×30	柳安、松木、夹板龙骨
3. 隔屏：表面板材	6	贴皮夹板
4. 隔屏：纵、立向结构龙骨	54×30	柳安、松木、夹板龙骨
5. 隔屏：开口框装饰材	6	贴皮夹板
6. 玻璃	8	强化清玻璃
7. 玻璃固定胶合剂	—	硅胶
8. 玻璃框造型材	—	实木斜边线板
9. 踢脚线	—	—
10. 地面铺材	3 厚	瓷砖
11. 隔屏：木架构的地面固定龙骨	54×30	柳安、松木、夹板龙骨

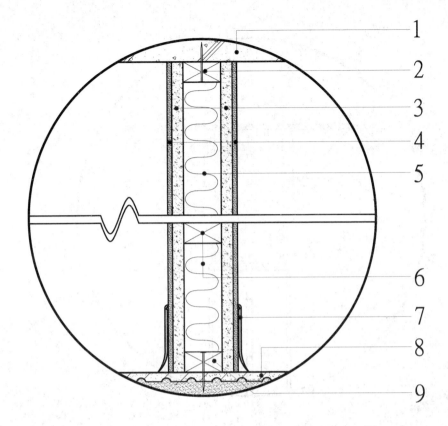

■ 木作耐燃隔屏	侧面剖图 比例 1:5	

结构材名称	材料尺寸 /mm	材质
1. 钢筋混凝土结构	—	—
2. 隔屏:木架构的天花板固定龙骨	54×30	柳安、松木、夹板龙骨
3. 隔屏:结构板材	15	石膏板
4. 隔屏:表面板材	6	硅酸钙板
5. 内部填充材	60 (单位为 kg/m³)	岩棉
6. 隔屏:木架构的纵、立向龙骨	45×30	柳安、松木、夹板龙骨
7. 踢脚线	—	—
8. 地面铺材		瓷砖
9. 隔屏:木架构的地面固定龙骨	54×30	柳安、松木、夹板龙骨

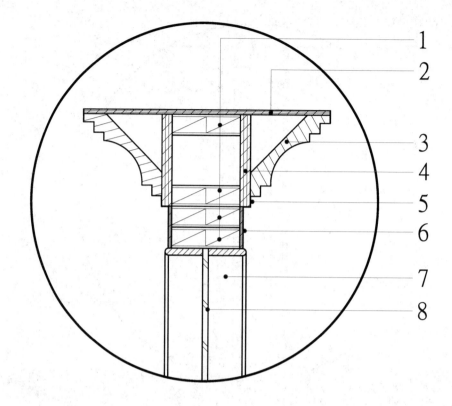

玻璃屏风造型塔头		侧面剖图 比例 1:3

结构材名称	材料尺寸 /mm	材质
1. 屏风：塔头结构材	18	木芯板
2. 屏风：塔头上封板	6	夹板
3. 塔头造型	90	船形实木线板
4. 塔头造型：结构板材	9	夹板
5. 塔头造型：正面封边	—	贴实木皮
6. 屏风：表面装饰材	3	实木贴皮夹板
7. 屏风：玻璃压条	—	子弹形实木条
8. 玻璃	5	清玻璃

开口

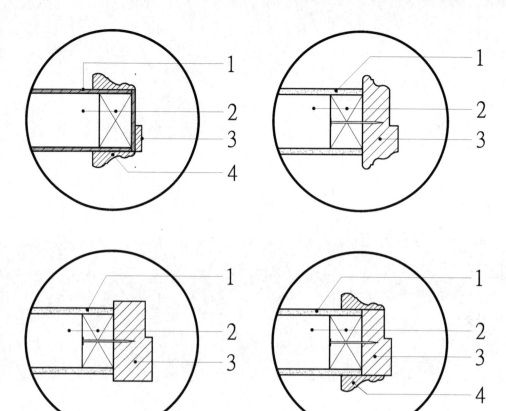

木作门框 -1	侧面剖图 比例 1:4	
结构材名称	材料尺寸/mm	材质
1. 木隔屏：表面板材	6	硅酸钙板（夹板）
2. 木隔屏：木架构的横、纵向龙骨	60×36	柳安实木龙骨
3. 门框（压条）	—	实木材
4. 门框：造型板材	—	斜边实木线板

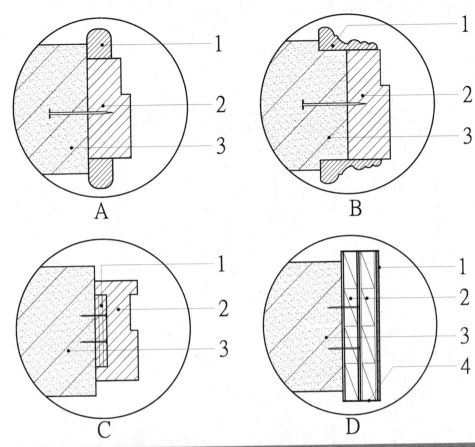

结构材名称	材料尺寸 /mm	材质
1. 门框（A1）：造型板材	—	半圆实木材
门框（B1）：造型板材	—	斜边实木线板
门框（C1）：壁面固定材	9	夹板
门框（D1）：表面装饰材	3	实木贴皮夹板
2. 门框（A2、B2、C2）	—	实木材
门框（2D）：结构材	18	木芯板
3. 砖造墙		
4. 门框：侧面封边	—	实木贴皮

木作门框 -2

侧面剖图
比例 1 : 4

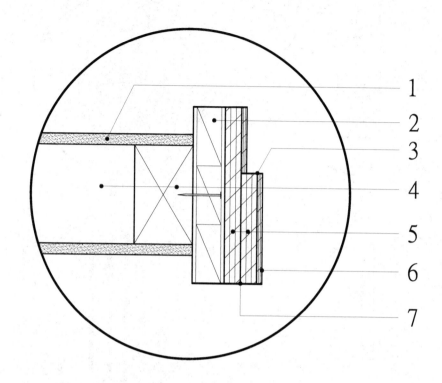

木作门框 -3		平面剖图 比例 1:2
结构材名称	**材料尺寸 /mm**	**材质**
1. 隔屏：表面板材	6	硅酸钙板
2. 门框：结构板材	18	木芯板
3. 门框：侧面封边	—	实木贴皮
4. 隔屏：木架构的横、纵向龙骨	60×36	柳安实木龙骨
5. 门框：结构板材	9	夹板
6. 门框：表面装饰材	3	实木贴皮夹板
7. 门框：正面封边	—	实木贴皮

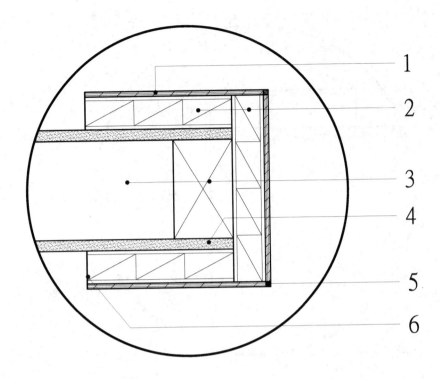

1
2
3
4
5
6

无门式造型门框	平面剖图 比例 1:2

结构材名称	材料尺寸 /mm	材质
1. 隔屏：包框表面装饰材	3	实木贴皮夹板
2. 隔屏：包框结构板材	18	木芯板
3. 隔屏：木架构的横、纵向龙骨	60×36	柳安实木龙骨
4. 隔屏：表面板材	6	硅酸钙板
5. 板材交接填入材	3×3	实木条
6. 侧面封边	—	贴皮

门框 拉门 门片

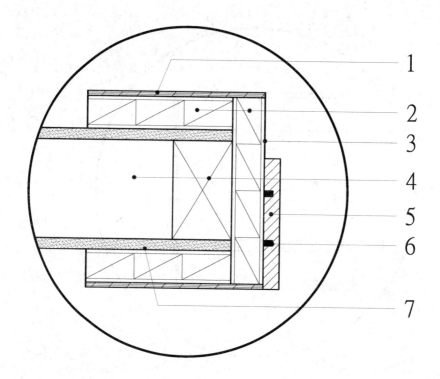

有门式造型门框		平面剖图 比例 1:2

结构材名称	材料尺寸 /mm	材质
1. 隔屏：包框表面装饰材	3	实木贴皮夹板
2. 隔屏：包框结构板材	18	木芯板
3. 沟槽封边	—	实木贴皮
4. 隔屏：横、纵向龙骨	60×36	柳安实木龙骨
5. 门框：结构材	66×9	实木材
6. 板材背面刨沟	3	—
7. 隔屏：表面板材	6	硅酸钙板

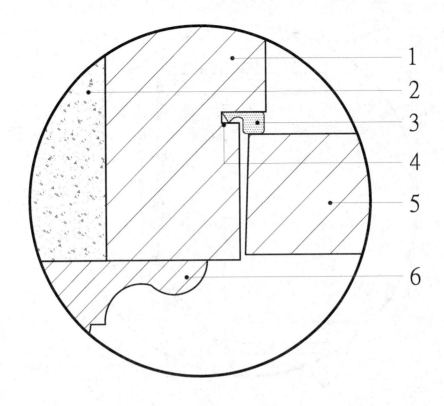

门框内嵌消音条		平面剖图 比例 1:1
结构材名称	材料尺寸 /mm	材质
1. 门框	—	实木材
2. 隔间材	100 厚	防潮石膏砖
3. 消音条置入沟槽	—	—
4. 消音条	—	PVC 包覆泡绵
5. 门片	—	实木材
6. 门框:造型板材	45	实木斜边线板

门框 拉门 门片

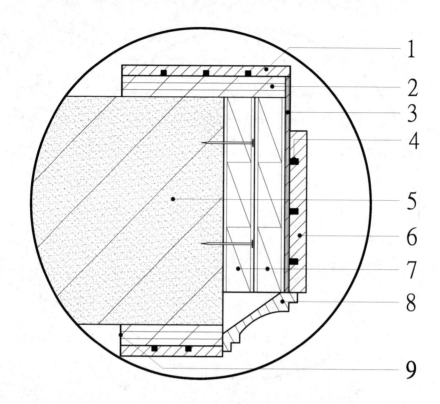

单面造型有门式门框		平面剖图 比例 1:2
结构材名称	材料尺寸 /mm	材质
1. 门框：表面材	99×6	实木板材
2. 门框：结构板材	9	夹板
3. 门框：表面饰材	3	实木贴皮夹板
4. 板材背面刨沟	3	—
5. 砖造墙	—	—
6. 门框：表面材	9	实木板材
7. 门框：结构板材	18	木芯板
8. 造型板材	48	船形实木线板
9. 门框：侧面封边	—	实木贴皮

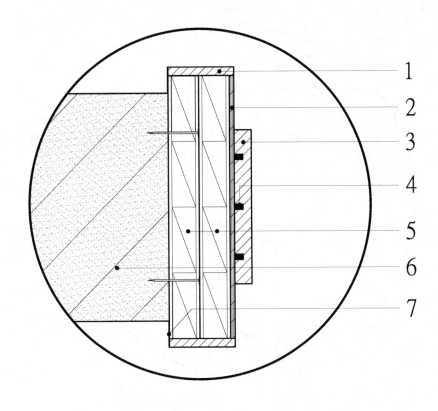

双开式木作门框	平面剖图 比例 1:2

结构材名称	材料尺寸 /mm	材质
1. 门框：正面封边	45	实木条
2. 门框：表面饰材	3	实木贴皮夹板
3. 门框：结构板材	90×9	实木板材
4. 板材背面刨沟	3	—
5. 门框：结构板材	18	木芯板
6. 砖造墙	—	—
7. 门框：侧面封边	—	贴皮

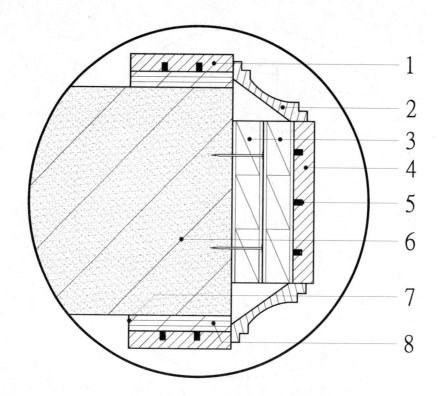

双面造型无门式门框 –1

平面剖图
比例 1:2

结构材名称	材料尺寸 /mm	材质
1.门框：表面材	60×9	实木板材
2.造型板材	48	船形实木线板
3.门框：结构板材	18	木芯板
4.门框：表面材	9	实木板材
5.板材背面刨沟	3	—
6.砖造墙	—	—
7.门框：侧面封边	—	实木贴皮
8.门框：造型板材	9	夹板

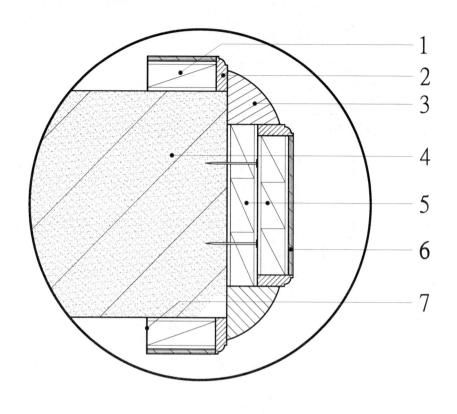

双面造型无门式门框 –2		平面剖图 比例 1 : 2

结构材名称	材料尺寸 /mm	材质
1. 门框：侧面结构材	18	木芯板
2. 造型：侧面封边	—	实木条
3. 造型板材	—	1/4 圆实木线板
4. 砖造墙	—	—
5. 门框：结构板材	18	木芯板
6. 门框：表面装饰材	3	实木贴皮夹板
7. 门框：侧面封边	—	实木贴皮

161

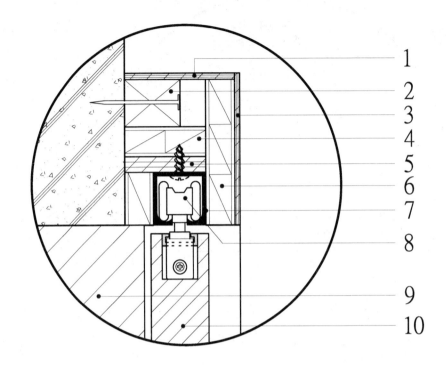

壁挂单片悬吊式拉门		侧面剖图 比例 1:2
结构材名称	材料尺寸 /mm	材质
1. 塔头：上封板	6	夹板
2. 木架构：固定龙骨	36×30	柳安、松木、夹板龙骨
3. 木架构：表面装饰材	3	实木贴皮夹板
4. 铝轨固定：加厚板材	18	木芯板
5. 铝轨：固定板材	9	夹板
6. 木架构：结构板材	18	木芯板
7. 铝轨	—	—
8. 悬吊式拉门：轮轴组	—	—
9. 门框	—	实木材
10. 门片	—	实木材

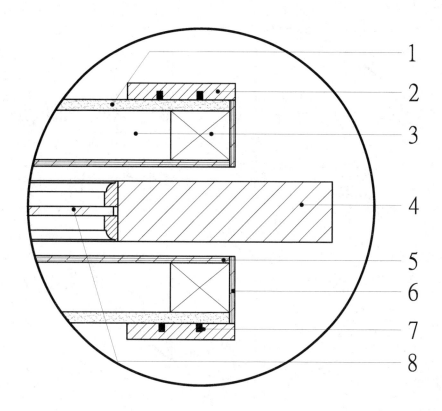

		1
		2
		3
		4
		5
		6
		7
		8

■ 隐藏式拉门		平面剖图 比例 1:2
结构材名称	材料尺寸 /mm	材质
1.隔屏：表面板材（外）	6	硅酸钙板
2.门框板材	60×9	实木板材
3.隔屏：木架构的横、纵向龙骨	36×30	柳安、松木、夹板龙骨
4.拉门	—	实木材
5.隔屏：表面板材（内）	3	夹板
6.隔屏：表面装饰材	3	实木贴皮夹板
7.板材背面刨沟	3	—
8.玻璃	—	—

门框 拉门 门片

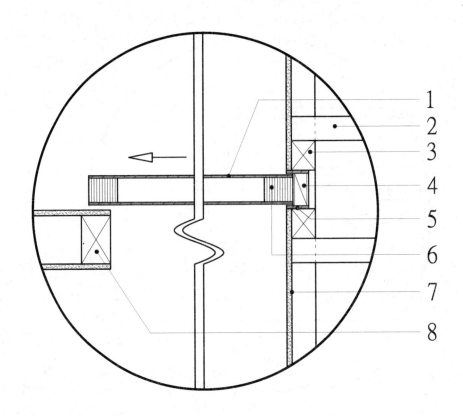

	平面剖图 比例 1:4
■ 嵌入壁面式拉门	

结构材名称	材料尺寸 /mm	材质
1. 空心门片：结构板材	3	实木贴皮夹板
2. 壁板：横向固定龙骨	36×30	柳安、松木、夹板龙骨
3. 壁板：木架构的立向龙骨	36×30	柳安、松木、夹板龙骨
4. 拉门嵌入凹槽：结构材	18	木芯板
5. 拉门嵌入凹槽：结构材	6	夹板
6. 空心门片：木架构的立向龙骨	36×30	纵向胶合夹板龙骨
7. 壁板：表面板材	6	硅酸钙板
8. 隔屏：木架构的纵向龙骨	60×36	柳安实木龙骨

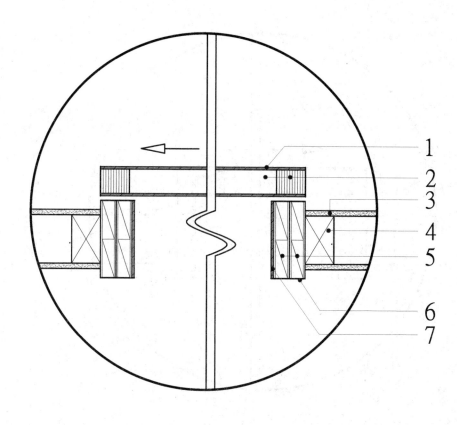

1
2
3
4
5
6
7

外盖门框式拉门		平面剖图 比例 1:4
结构材名称	材料尺寸 /mm	材质
1.空心门片：结构板材	3	实木贴皮夹板
2.空心门片：木架构的横、立向龙骨	36×30	纵向胶合夹板龙骨
3.隔屏：表面板材	6	硅酸钙板
4.隔屏：木架构的立向龙骨	60×36	柳安实木龙骨
5.门框：结构板材	18	木芯板
6.门框：侧面封边	—	实木贴皮
7.门框：表面装饰材	3	实木贴皮夹板

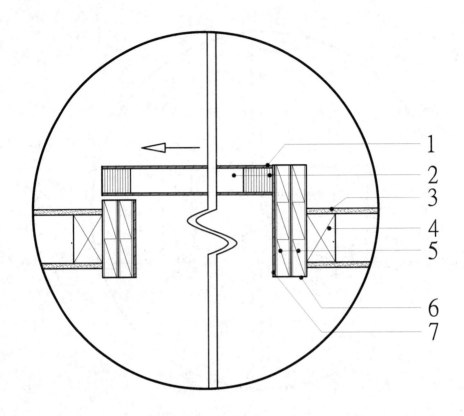

| 抵框式拉门 | | 侧面剖图 比例 1:4 |

结构材名称	材料尺寸 /mm	材质
1.空心门片:结构板材	3	实木贴皮夹板
2.空心门片:木架构的横、立向龙骨	36×30	纵向胶合夹板龙骨
3.隔屏:表面板材	6	硅酸钙板
4.隔屏:木架构的立向龙骨	60×36	柳安实木龙骨
5.门框:结构板材	18	木芯板
6.门框:侧面封边	—	实木贴皮
7.门框:表面装饰材	3	实木贴皮夹板

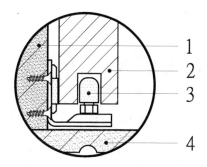

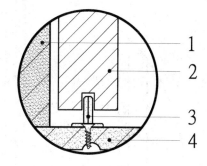

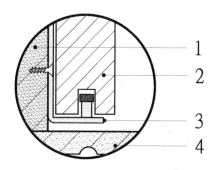

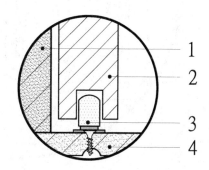

拉门下挡类型		侧面剖图 比例 1 : 2
结构材名称	材料尺寸 /mm	材质
1.砖造墙	—	—
2.门片	—	实木材
3.拉门：下挡（可调式、壁式下挡）	—	—
4.地面：铺材	—	瓷砖

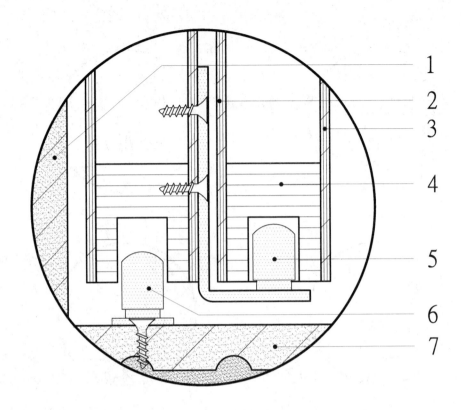

联动式拉门与配件	侧面剖图 比例 1:1	
结构材名称	**材料尺寸 /mm**	**材质**
1. 砖造墙	—	—
2. 空心门片：结构板材（内）	3	实木贴皮夹板
3. 空心门片：结构板材（外）	3	实木贴皮夹板
4. 空心门片：木架构的龙骨	36×30	纵向胶合夹板龙骨
5. 壁面固定式下挡	—	—
6. 下挡	—	—
7. 地面铺材	—	瓷砖

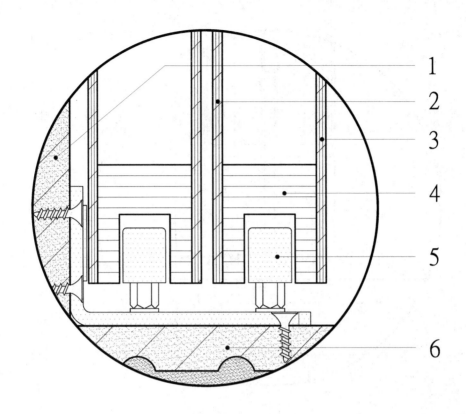

▌拉门间隙可调式下挡		侧面剖图比例 1:1
结构材名称	材料尺寸 /mm	材质
1. 砖造墙	—	—
2. 空心门片：结构板材（内）	3	实木贴皮夹板
3. 空心门片：结构板材（外）	3	实木贴皮夹板
4. 空心门片：木架构的龙骨	36×30	纵向胶合夹板龙骨
5. 两片间距可调式下挡	—	—
6. 地面铺材	—	瓷砖

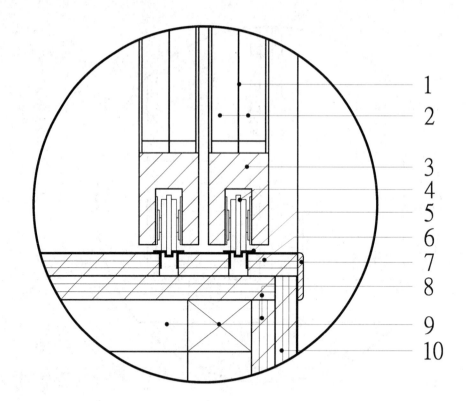

地板上格栅木条拉门与轮轴		侧面剖图 比例 1:2

结构材名称	材料尺寸 /mm	材质
1. 日式门：专用纸	—	—
2. 日式门：造型格栅	15×6	实木条
3. 门片：下龙骨	45×36	实木材
4. T 形轮	—	—
5. T 形铝轨	—	—
6. 高架地板：面板	12	超耐磨地板
7. 侧面封边	—	实木条
8. 高架地板：底板	12	夹板
9. 高架地板：木架构的结构龙骨	36×30	柳安、松木龙骨
10. 踢脚表面材	—	超耐磨地板

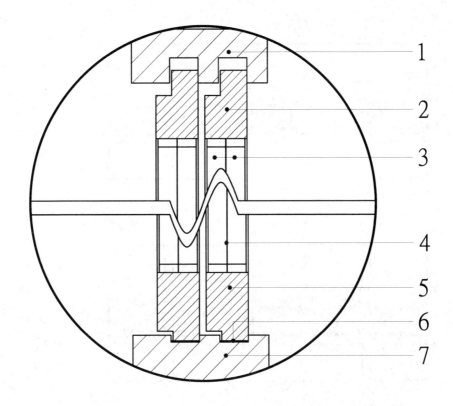

格栅木条拉门与框	侧面剖图 比例 1:3	

结构材名称	材料尺寸 /mm	材质
1. 拉门框：上斗料	105×45	实木材
2. 门片：上龙骨	45×36	实木材
3. 格栅木条	15×6	实木材
4. 障子门：专用纸	—	—
5. 门片：下龙骨	45×36	实木材
6. 塑胶滑带	—	—
7. 拉门框：下斗料	105×45	实木材

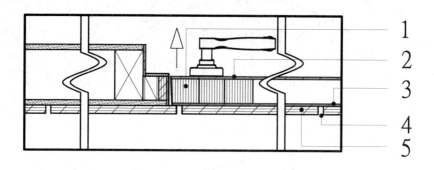

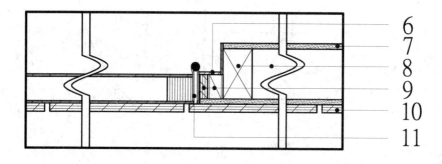

壁面造型式隐藏门 –1	平面剖图 比例 1:4

结构材名称	材料尺寸 /mm	材质
1. 空心门片：结构龙骨	36×30	实木板材
2. 空心门片：结构板材（内）	3	实木贴皮夹板
3. 空心门片：结构板材（外）	3	夹板
4. 造型企口	6	—
5. 门片：造型板材	9	夹板
6. 门框：正面封边	—	实木条
7. 隔屏：表面材	6	硅酸钙板
8. 隔屏木架构：横、立向龙骨	60×36	柳安实木龙骨
9. 门框：结构板材	9（18）	夹板（木芯板）
10. 隔屏：造型板材	9	夹板
11. 门片：蝴蝶铰链	—	—

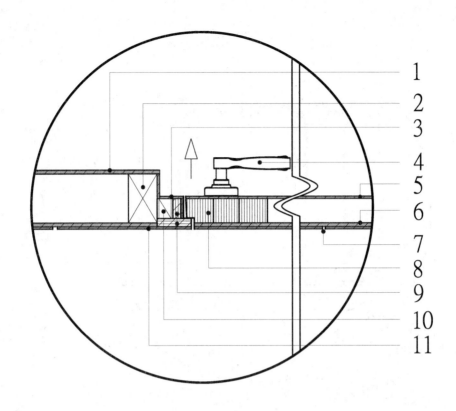

壁面造型式隐藏门 –2	平面剖图 比例 1 : 4	
结构材名称	材料尺寸 /mm	材质
1. 隔屏：表面板材	6	夹板
2. 隔屏木架构：纵、直向龙骨	60×36	柳安实木龙骨
3. 门框：表面装饰材	3	实木贴皮夹板
4. 门片：把手	—	—
5. 空心门片：结构板材（内）	3	实木贴皮夹板
6. 空心门片：结构板材（外）	3	夹板
7. 造型企口	—	—
8. 空心门片：结构龙骨	36×30	纵向胶合夹板龙骨
9. 门框：结构板材	9	夹板
10. 门框：结构板材	18	木芯板
11. 隔屏：造型装饰材	—	—

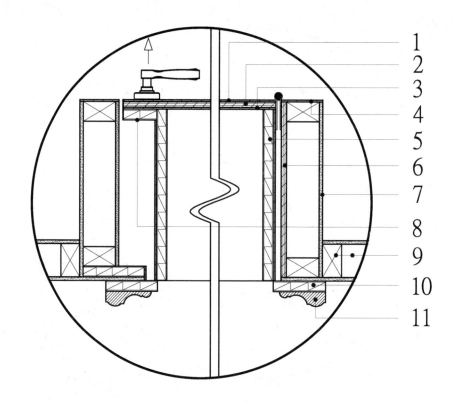

| 橱柜式隐藏门 | 平面剖图 比例 1:6 |

结构材名称	材料尺寸 /mm	材质
1. 橱柜：背面装饰材	6	贴皮夹板
2. 橱柜：背板加厚板材	9	夹板
3. 橱柜：背板	6	贴皮夹板
4. 隔屏：防裂材	6	夹板
5. 柜体：侧面立向板材	18	单面贴皮木芯板
6. 隔屏：表面板材（铰链固定面）	9	夹板
7. 隔屏：表面板材	6	硅酸钙板
8. 把手安装辅助材	18	单面贴皮木芯板
9. 隔屏：木架构的纵、横向龙骨	60×36	柳安实木龙骨
10. 门框：结构板材	18	木芯板
11. 门框：造型板材	—	实木斜边线板

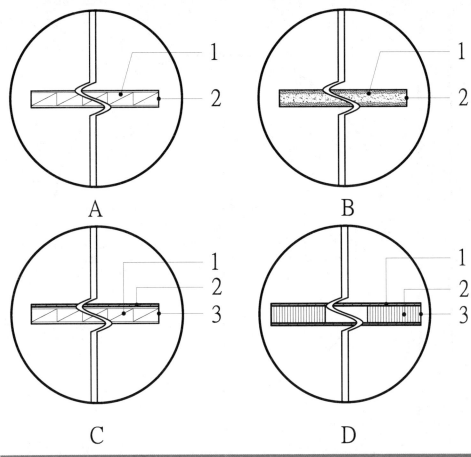

A

B

C

D

▌橱柜常用门片		平面剖图 比例 1：4
结构材名称	材料尺寸 /mm	材质
1. 门片板材（A1）	18	双面贴皮木芯板
2. 侧面封边（A2）	—	实木贴皮
3. 门片板材（B1）	18	塑合板外贴美耐皿
4. 侧面封边（B2）	—	ABS 塑胶贴皮
5. 门片板材（C1）	18	单面贴皮木芯板
6. 门片表面装饰材（C2）	3	实木贴皮夹板
7. 侧面封边（C3）	—	实木贴皮
8. 空心门片：结构板材（D1）	3	实木贴皮夹板
9. 空心门片：结构龙骨（D2）	60×18	纵向胶合夹板龙骨
10. 侧面封边（D3）	—	实木贴皮

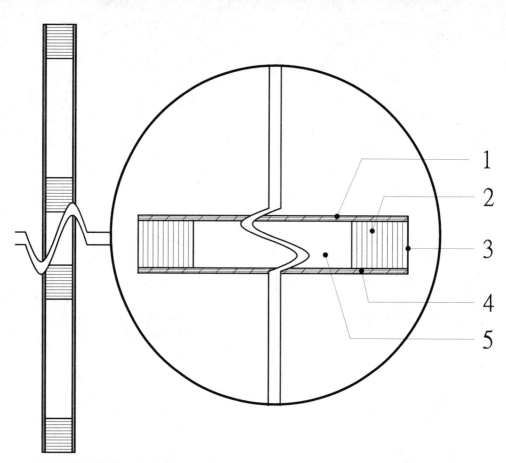

结构材名称	材料尺寸 /mm	材质
1. 空心门片：结构板材	3	贴皮夹板
2. 空心门片：立向木架构	36×30	纵向胶合龙骨
3. 侧面封边	—	实木贴皮
4. 空心门片：结构板材	3	贴皮夹板
5. 空心门片：横向木架构	36×30	纵向胶合龙骨

空心门片 –1

平面剖图
比例 1:2

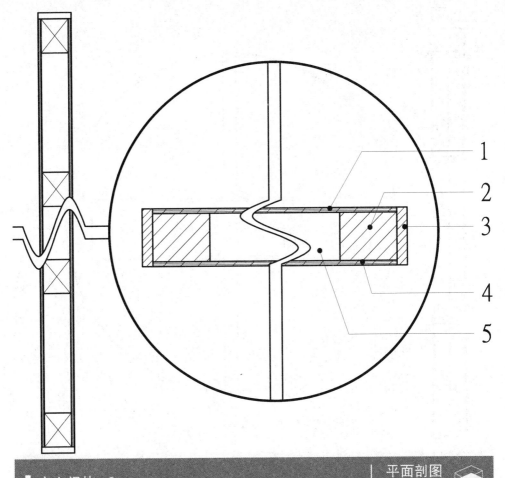

1
2
3
4
5

空心门片 –2

平面剖图
比例 1:2

结构材名称	材料尺寸 /mm	材质
1. 空心门片：结构板材	3	贴皮夹板
2. 空心门片：立向木架构	36×30	柳安实木龙骨
3. 侧面封边	—	实木条
4. 空心门片：结构板材	3	贴皮夹板
5. 空心门片：横向木架构	36×30	柳安实木龙骨

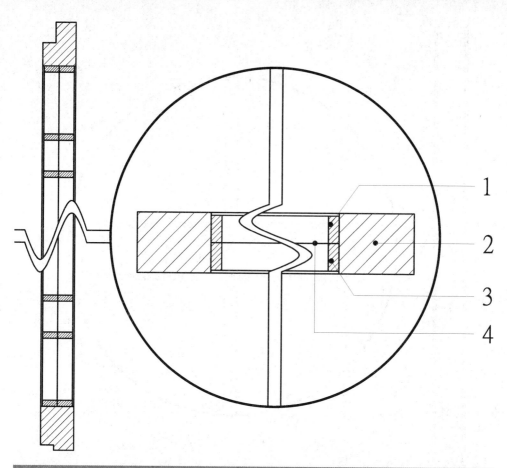

	1
	2
	3
	4

■ 格栅木条拉门

平面剖图
比例 1:2

结构材名称	材料尺寸 /mm	材质
1. 格栅木条拉门：固定式造型木格栅（外）	6×15	实木材
2. 格栅木条拉门：立柱	42×33	实木龙骨
3. 格栅木条拉门：可拆式造型木格栅（内）	6×15	实木材
4. 格栅木条拉门专用纸	—	—

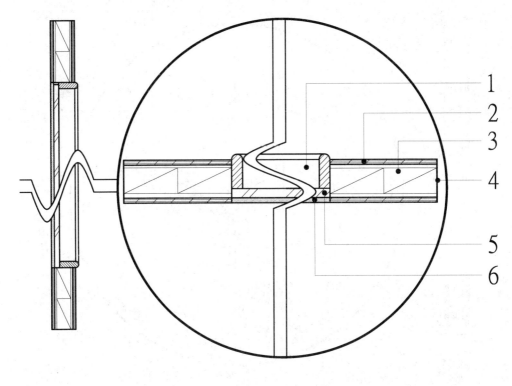

| 橱柜：木框玻璃门 -1 | | 平面剖图 比例 1:2 |

结构材名称	材料尺寸 /mm	材质
1. 玻璃压条	6	子弹形实木线板
2. 门片：表面装饰板	3	实木贴皮夹板
3. 门片板材	18	木芯板
4. 侧面封边	—	实木贴皮
5. 玻璃	5	清玻璃
6. 胶合剂	—	硅胶

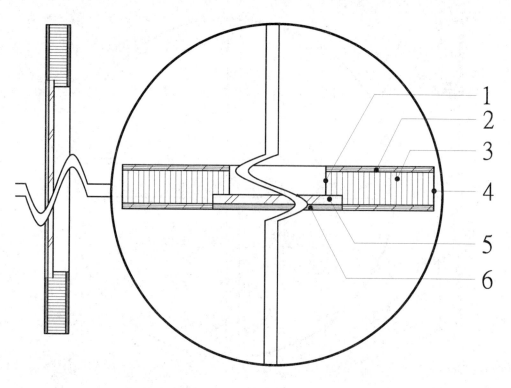

1
2
3
4
5
6

橱柜：木框玻璃门 -2		平面剖图 比例 1:2

结构材名称	材料尺寸 /mm	材质
1. 内侧封边	—	实木贴皮
2. 门片：结构板材	3	实木贴皮夹板
3. 空心门片：立向木架构	60×18	纵向胶合夹板龙骨
4. 侧面封边实木贴皮	—	实木贴皮
5. 玻璃	5	清玻璃
6. 胶合剂	—	硅胶

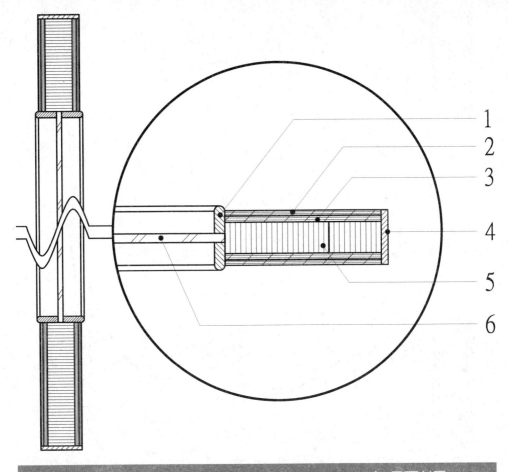

结构材名称	材料尺寸 /mm	材质
1. 玻璃压条	6	子弹形实木线板
2. 门片:表面装饰材	3	实木贴皮夹板
3. 门片:结构板材	6	夹板
4. 侧面封边	—	实木条
5. 门片:木架构的龙骨	60×18	纵向胶合夹板龙骨
6. 玻璃	5	清玻璃

■ 木框玻璃门 –1

平面剖图
比例 1 : 2

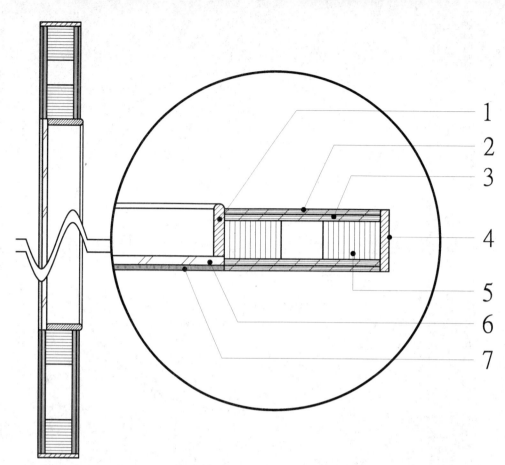

1		
2		
3		
4		
5		
6		
7		

■ 木框玻璃门 –2

平面剖图
比例 1:2

结构材名称	材料尺寸 /mm	材质
1. 玻璃压条	6	子弹形实木线板
2. 门片：表面装饰材	3	实木贴皮夹板
3. 门片：结构板材	6	夹板
4. 侧面封边	—	实木条
5. 门片：木架构的龙骨	36×30	纵向夹板龙骨
6. 玻璃	5	清玻璃
7. 胶合剂	—	硅胶

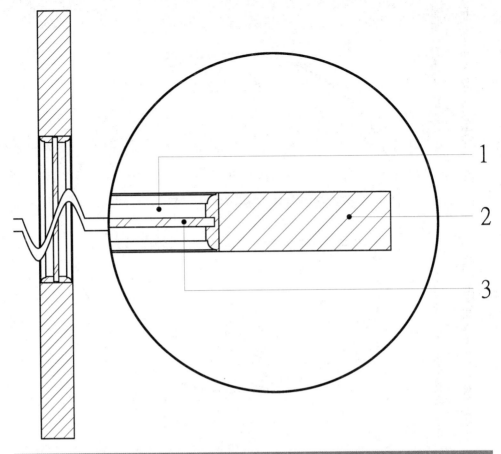

| 实木门 | 平面剖图 比例 1:2 |

结构材名称	材料尺寸 /mm	材质
1. 实木门：玻璃压条	—	实木
2. 实木门片	—	实木
3. 玻璃	5	清玻璃

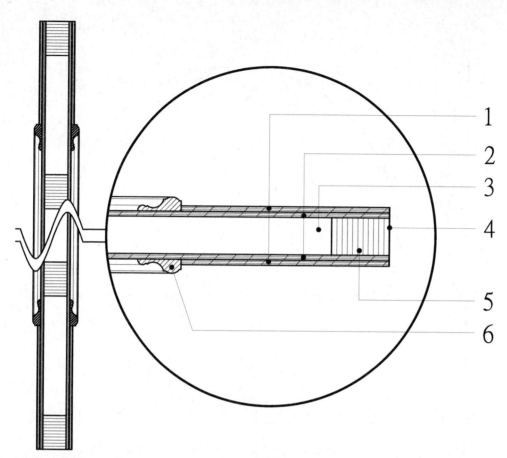

| 空心造型门片 -1 | 平面剖图
比例 1:2 |

结构材名称	材料尺寸 /mm	材质
1. 空心门片：表面装饰材	3	实木贴皮夹板
2. 空心门片：结构板材	6	夹板
3. 空心门片：横向木架构	36×30	纵向胶合夹板龙骨
4. 侧面封边	—	实木贴皮
5. 空心门片：立向木架构	36×30	纵向胶合夹板龙骨
6. 门片表面造型	24	斜边实木线板

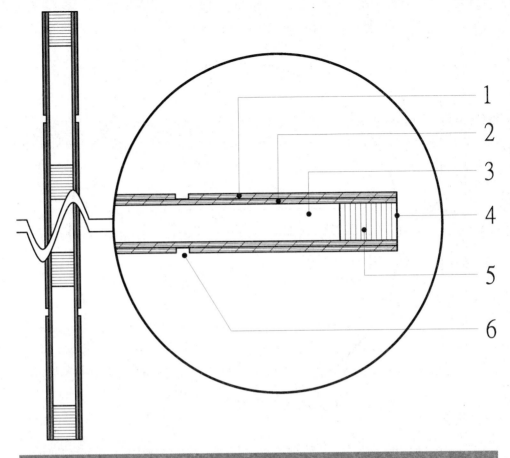

结构材名称	材料尺寸/mm	材质
1.空心门片：表面装饰材	3	实木贴皮夹板
2.空心门片：结构板材	6	夹板
3.空心门片：横向木架构	36×30	纵向胶合夹板龙骨
4.侧面封边	—	实木贴皮
5.空心门片：立向木架构	36×30	纵向胶合夹板龙骨
6.门片造型企口	6	—

■ 空心造型门片 -2

平面剖图
比例 1:2

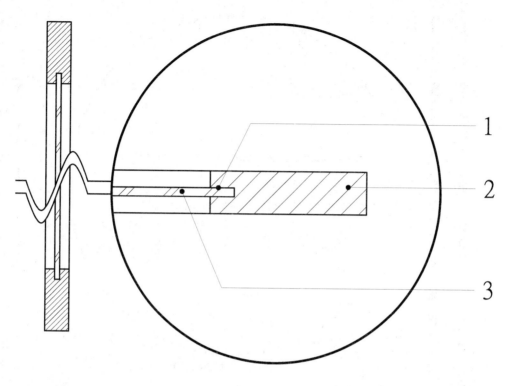

1

2

3

实木框玻璃门		平面剖图 比例 1：2
结构材名称	材料尺寸 /mm	材质
1. 实木门：嵌玻璃沟槽	6×18	实木
2. 木框实木门片	—	实木
3. 玻璃	5	清玻璃

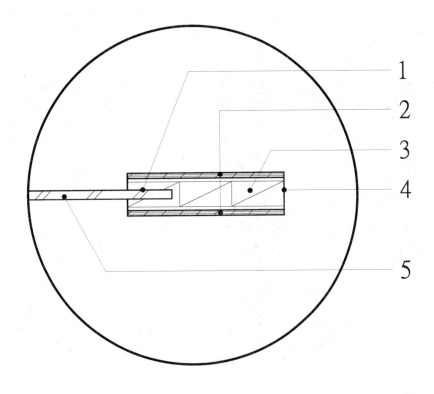

木框造型玻璃门		平面剖图 比例 1：2
结构材名称	材料尺寸 /mm	材质
1. 门片板材：嵌玻璃沟槽	6×18	—
2. 门片：表面装饰材	3	实木贴皮夹板
3. 门片板材	18	木芯板
4. 侧面封边	—	实木贴皮
5. 玻璃	5	清玻璃

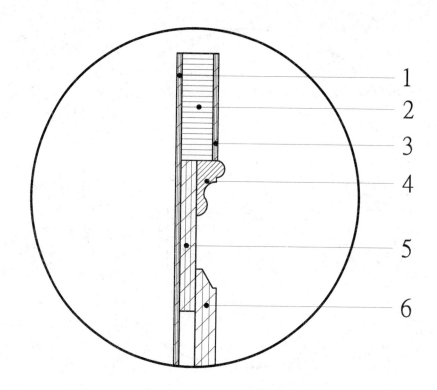

| 橱柜：造型门片 –1 | 侧面剖图 比例 1：2 | |

结构材名称	材料尺寸 /mm	材质
1.门片：结构板材	3	贴皮夹板
2.门片：木架构的龙骨	60×18	纵向胶合夹板龙骨
3.门片：结构板材	3	夹板
4.门片表面造型	3	斜边线板
5.门片：结构板材	9	夹板
6.门片：结构板材	12	夹板

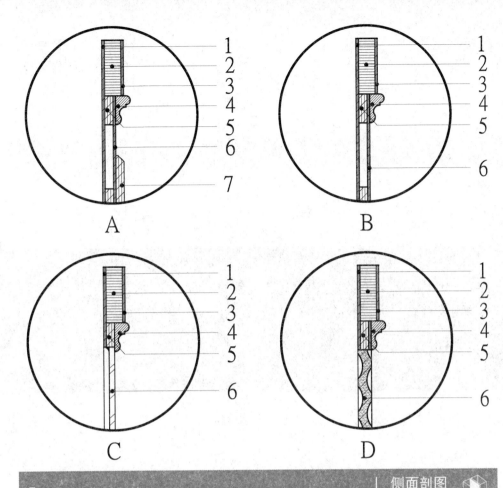

A

B

C

D

| 橱柜：造型门片 −2 | 侧面剖图 比例 1：2 |

结构材名称	材料尺寸 /mm	材质
1.门片：结构板材	3	贴皮夹板
2.门片：结构龙骨	60×18	纵向胶合夹板龙骨
3.门片：结构板材	3	夹板
4.门片：造型板材	30	斜边线板
5.门片：造型结构板材	9	夹板
6.门片（A6）：造型结构板材	3	夹板
门片（B6）：造型结构板材	3	夹板
玻璃（C6）	5	清玻璃
造型板（D6）	15	密度板
7.门片：造型板材	9	夹板

橱柜

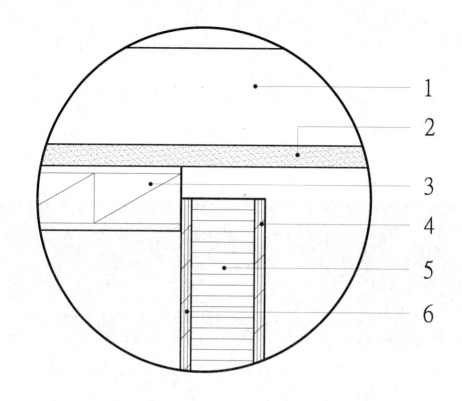

柜体直贴天花板 −1		侧面剖图 比例 1:1
结构材名称	材料尺寸 /mm	材质
1. 天花板：木架构的纵、横向龙骨	36×30	柳安、松木、夹板龙骨
2. 天花板：表面板材	6	硅酸钙板
3. 柜体：上顶板	18	单面贴皮木芯板
4. 空心门片：结构板材（外）	3	实木贴皮夹板
5. 空心门片：木架构的龙骨	60×18	纵向胶合夹板龙骨
6. 空心门片：结构板材（内）	3	木纹夹板

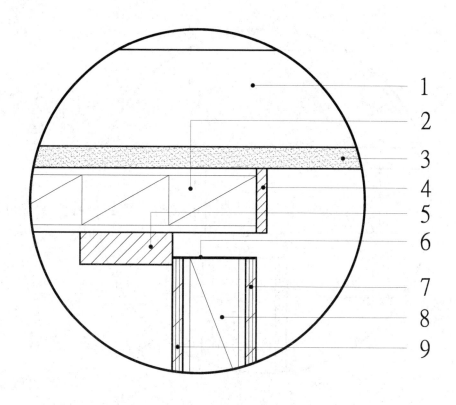

柜体直贴天花板 -2	侧面剖图 比例 1:1	

结构材名称	材料尺寸 /mm	材质
1. 天花板：木架构的横向龙骨	36×30	柳安、松木、夹板龙骨
2. 柜体：上顶板	18	单面贴皮木芯板
3. 天花板：表面板材	6	硅酸钙板
4. 塔头：正面封边	18	实木条
5. 企口挡板	24×9	实木条
6. 侧面封边	—	实木贴皮
7. 空心门片：结构板材（外）	3	实木贴皮夹板
8. 空心门片：木架构龙骨	60×18	纵向胶合夹板龙骨
9. 空心门片：结构板材（内）	3	木纹夹板

塔头 拉门 加框 连接面 企口 桌脚 踢脚线 抽屉 吊柜

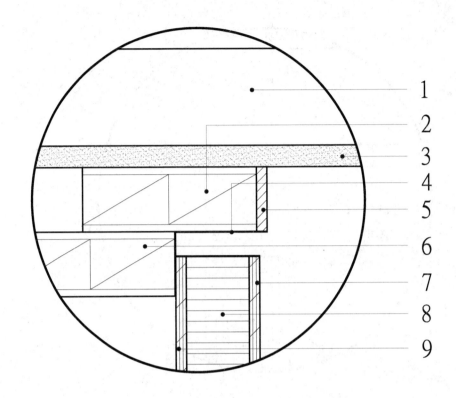

1
2
3
4
5
6
7
8
9

塔头：单板结构		侧面剖图 比例 1:1

结构材名称	材料尺寸 /mm	材质
1. 天花板：木架构的横向龙骨	36×30	柳安、松木、夹板龙骨
2. 塔头：结构板材	18	木芯板
3. 天花板：表面板材	6	硅酸钙板
4. 塔头下：面封边	—	实木贴皮
5. 塔头：正面封边	18	实木条
6. 柜体：上顶板	18	单面贴皮木芯板
7. 空心门片：结构板材（外）	3	实木贴皮夹板
8. 空心门片：木架构的龙骨	60×18	纵向胶合夹板龙骨
9. 空心门片：结构板材（内）	3	木纹夹板

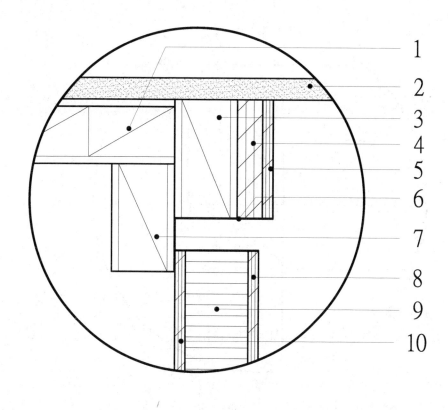

塔头加厚：表面贴装饰材		侧面剖图 比例 1:1

结构材名称	材料尺寸 /mm	材质
1. 柜体：上顶板	18	单面贴皮木芯板
2. 天花板：表面板材	6	硅酸钙板
3. 塔头：加厚板材	18	木芯板
4. 塔头：加厚板材	9	夹板
5. 塔头：表面装饰材	3	实木贴皮夹板
6. 塔头下：面封边	—	实木贴皮
7. 企口挡板	18	木芯板
8. 空心门片：结构板材（外）	3	实木贴皮夹板
9. 空心门片：木架构的龙骨	60×18	纵向胶合夹板龙骨
10. 空心门片：结构板材（内）	3	木纹夹板

塔头 — 拉门 — 加框 — 连接面 — 企口 — 桌脚 — 踢脚线 — 抽屉 — 吊柜

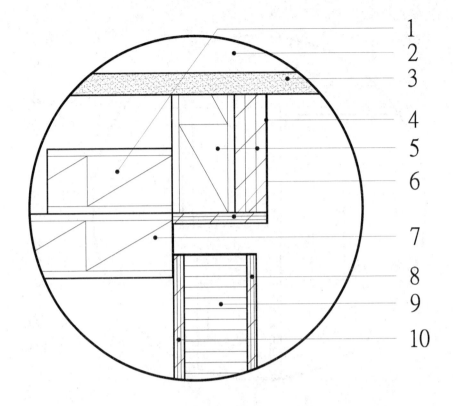

1
2
3
4
5
6
7
8
9
10

▌ 塔头加厚：下贴装饰材	侧面剖图 比例 1:1	

结构材名称	材料尺寸 /mm	材质
1. 塔头：固定结构材	18	木芯板
2. 天花板：木架构的横、立向龙骨	36×30	柳安、松木、夹板龙骨
3. 天花板：表面板材	6	硅酸钙板
4. 塔头：正面封边	—	实木贴皮
5. 塔头：加厚板材	9（18）	夹板（木芯板）
6. 塔头下：装饰材	3	实木贴皮夹板
7. 柜体：上顶板	18	单面贴皮木芯板
8. 空心门片：结构板材（外）	3	实木贴皮夹板
9. 空心门片：木架构的龙骨	60×18	纵向胶合夹板龙骨
10. 空心门片：结构板材（内）	3	木纹夹板

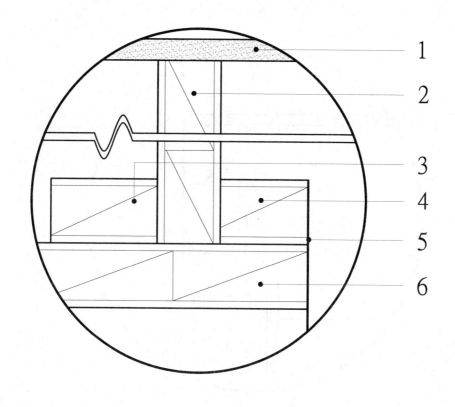

■ 及顶正面内缩式塔头 　　　　　　　　　　侧面剖图 比例 1:1

结构材名称	材料尺寸 /mm	材质
1.天花板：表面板材	6	硅酸钙板
2.塔头：立向板材	18	木芯板
3.塔头：固定板材	18	木芯板
4.柜体：加厚板材	18	木芯板
5.柜体：正面封边	—	实木贴皮
6.柜体：上顶板	18	单面贴皮木芯板

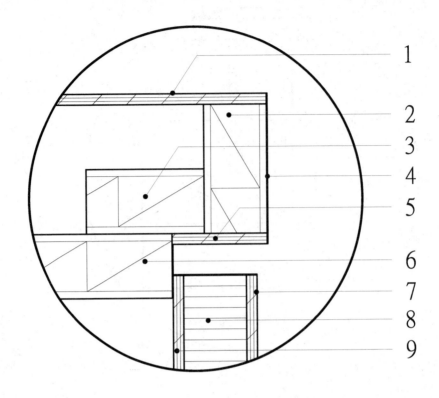

1
2
3
4
5
6
7
8
9

塔头加厚：L 形板材结构	侧面剖图 比例 1:1	

结构材名称	材料尺寸 /mm	材质
1. 塔头上：封板	6	夹板
2. 塔头：结构板材	18	木芯板
3. 塔头：结构板材	18	木芯板
4. 塔头：正面封边	—	贴皮
5. 塔头下：表面装饰材	3	实木贴皮夹板
6. 柜体：上顶板	18	单面贴皮木芯板
7. 空心门片：结构板材（外）	3	实木贴皮夹板
8. 空心门片：木架构的龙骨	60×18	纵向胶合夹板龙骨
9. 空心门片：结构板材（内）	3	木纹夹板

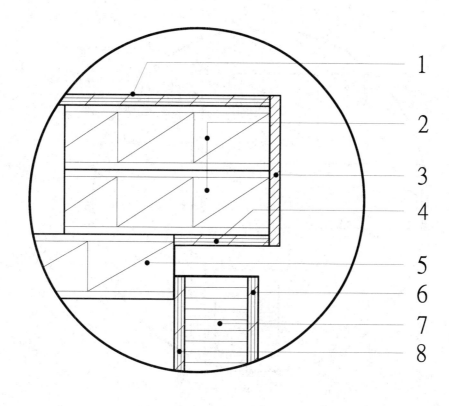

塔头加厚：水平向板材结构		侧面剖图 比例 1:1
结构材名称	**材料尺寸 /mm**	**材质**
1.塔头上：封板	6	夹板
2.塔头：结构板材	18	木芯板
3.塔头：正面封边	—	实木条
4.塔头下：装饰材	3	实木贴皮夹板
5.柜体：上顶板	18	单面贴皮木芯板
6.空心门片：结构板材（外）	3	实木贴皮夹板
8.空心门片：木架构的龙骨	60×18	纵向胶合夹板龙骨
9.空心门片：结构板材（内）	3	木纹夹板

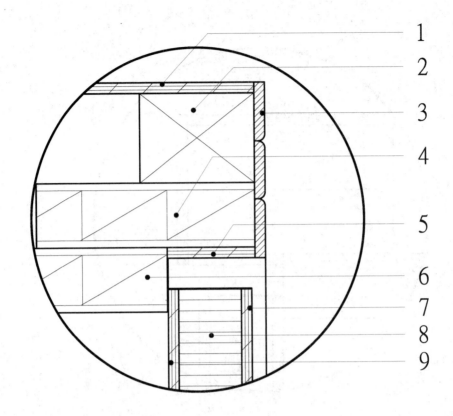

柜体加框式塔头 -1		侧面剖图 比例 1:1

结构材名称	材料尺寸 /mm	材质
1. 塔头上：封板	6	夹板
2. 塔头：结构龙骨	36×30	柳安、松木、夹板龙骨
3. 塔头：正面封边	—	实木条
4. 塔头：结构板材	18	木芯板
5. 塔头下：表面装饰材	3	实木贴皮夹板
6. 柜体：上顶板	18	单面贴皮木芯板
7. 空心门片：结构板材（外）	3	实木贴皮夹板
8. 空心门片：木架构的龙骨	60×18	纵向胶合夹板龙骨
9. 空心门片：结构板材（内）	3	木纹夹板

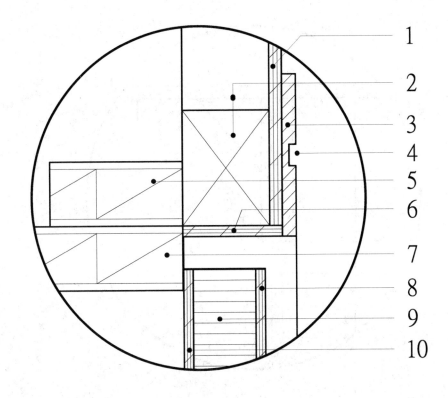

柜体加框式塔头 -2		侧面剖图 比例 1:1

结构材名称	材料尺寸 /mm	材质
1. 塔头：木架构的表面板材	6	夹板
2. 塔头：木架构的纵、立向龙骨	36×30	柳安、松木、夹板龙骨
3. 塔头：正面封边	51×6	实木条
4. 塔头：造型企口	6	—
5. 塔头：结构板材	—	—
6. 塔头下：表面装饰材	3	实木贴皮夹板
7. 柜体：上顶板	18	单面贴皮木芯板
8. 空心门片：结构板材（外）	3	实木贴皮夹板
9. 空心门片：木架构的龙骨	60×18	纵向胶合夹板龙骨
10. 空心门片：结构板材（内）	3	木纹夹板

塔头 拉门 加框 连接面 企口 桌脚 踢脚线 抽屉 吊柜

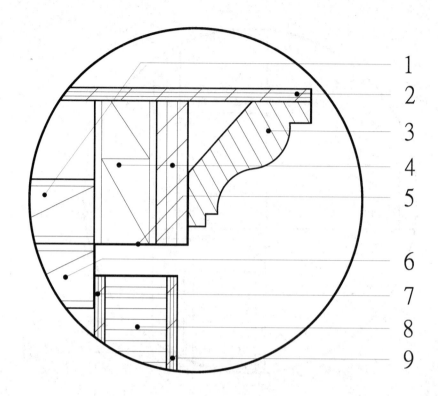

1
2
3
4
5
6
7
8
9

■ 造型塔头		侧面剖图 比例 1:1

结构材名称	材料尺寸 /mm	材质
1. 塔头：结构板材	18	木芯板
2. 塔头上：封板	6	夹板
3. 塔头：造型板材	36	船形实木线板
4. 塔头：结构板材	18（9）	木芯板（夹板）
5. 塔头：下面封边	—	贴皮
6. 柜体：上顶板	18	单面贴皮木芯板
7. 空心门片：结构板材（内）	3	木纹夹板
8. 空心门片：木架构的龙骨	60×18	纵向胶合夹板龙骨
9. 空心门片：结构板材（外）	3	实木贴皮夹板

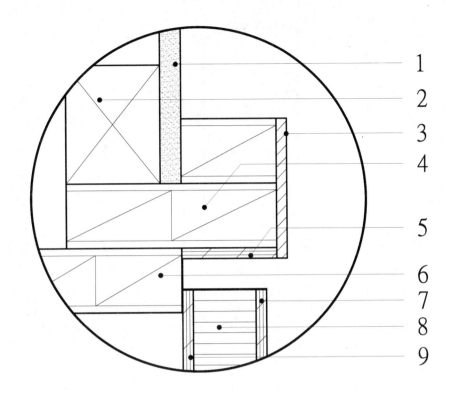

及顶外凸式塔头		侧面剖图 比例 1:1
结构材名称	**材料尺寸 /mm**	**材质**
1. 塔头：木架构的表面板材	6	硅酸钙板
2. 塔头：木架构的横向龙骨	36×30	柳安、松木、夹板龙骨
3. 塔头：正面封边	45	实木条
4. 塔头：结构板材	18	木芯板
5. 塔头下：表面装饰材	3	实木贴皮夹板
6. 柜体：上顶板	18	单面贴皮木芯板
7. 空心门片：结构板材（外）	3	实木贴皮夹板
8. 空心门片：木架构的龙骨	60×18	纵向胶合夹板龙骨
9. 空心门片：结构板材（内）	3	木纹夹板

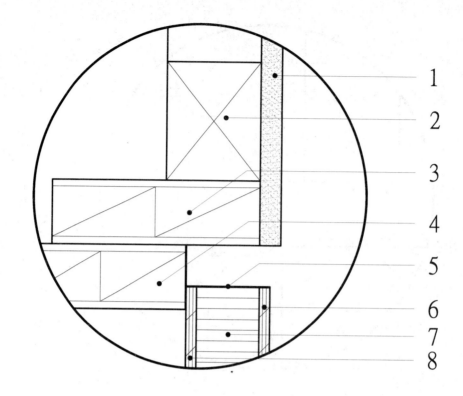

■ 及顶塔头		侧面剖图 比例 1:1
结构材名称	**材料尺寸 /mm**	**材质**
1. 塔头：木架构的表面板材	6	硅酸钙板
2. 塔头：木架构的横向龙骨	36×30	柳安、松木、夹板龙骨
3. 塔头：结构板材	18	木芯板
4. 柜体：上顶板	18	单面贴皮木芯板
5. 门片：侧面封边	—	实木贴皮
6. 空心门片：结构板材（外）	3	实木贴皮夹板
7. 空心门片：木架构的龙骨	60×18	纵向胶合夹板龙骨
8. 空心门片：结构板材（内）	3	木纹夹板

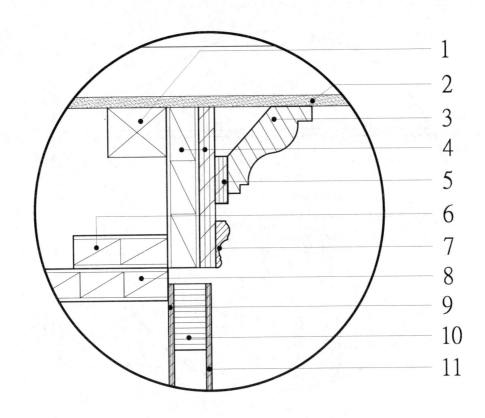

吸顶式造型塔头 -1		侧面剖图 比例 1:2
结构材名称	**材料尺寸 /mm**	**材质**
1. 塔头板材：固定龙骨	36×30	柳安、松木、夹板龙骨
2. 天花板：木架构的表面板材	6	硅酸钙板
3. 塔头造型	48	船形实木线板
4. 塔头造型：结构板材	18（9）	木芯板（夹板）
5. 塔头造型：结构板材	9	夹板
6. 塔头：结构板材	18	木芯板
7. 塔头造型	27	斜边线板
8. 柜体：上顶板	18	单面贴皮木芯板
9. 空心门片：结构板材（内）	3	木纹夹板
10. 空心门片：木架构的龙骨	60×18	纵向胶合夹板龙骨
11. 空心门片：结构板材（外）	3	实木贴皮夹板

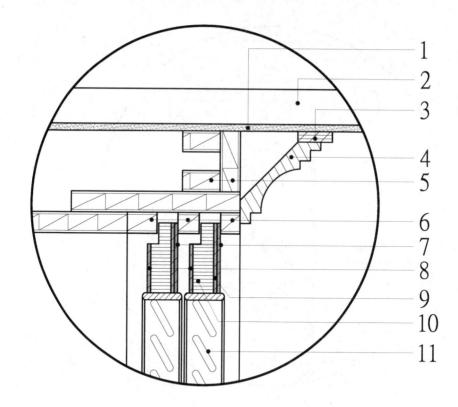

1
2
3
4
5
6
7
8
9
10
11

■ 吸顶式造型塔头 -2	侧面剖图 比例 1:3	

结构材名称	材料尺寸 /mm	材质
1. 天花板：表面板材	6	硅酸钙板
2. 天花板：木架构的横向龙骨	36×30	柳安、松木、夹板龙骨
3. 塔头造型：结构板材	9	夹板
4. 塔头造型	—	船形实木线板
5. 塔头：结构板材	18	木芯板
6. 拉门：导槽结构材	18	木芯板
7. 空心门片：表面装饰材	3	实木贴皮夹板
8. 空心门片：结构板材（内）	3	木纹夹板
9. 空心门片：结构板材（外）	3	夹板
10. 空心门片：木架构的龙骨	60×18	纵向胶合夹板龙骨
11. 门片造型	—	百叶实木条

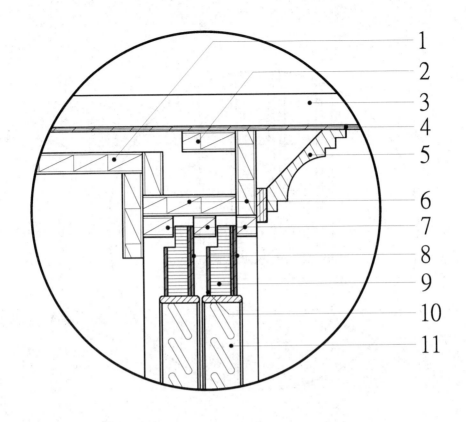

1
2
3
4
5
6
7
8
9
10
11

吸顶式造型塔头 –3		侧面剖图 比例 1:3

结构材名称	材料尺寸 /mm	材质
1. 柜体：上顶板	18	单面贴皮木芯板
2. 塔头造型：结构板材	18	木芯板
3. 天花板：木架构的横向龙骨	36×30	柳安、松木、夹板龙骨
4. 天花板：表面板材	6	夹板
5. 塔头造型	78	船形实木线板
6. 塔头：结构板材	18	木芯板
7. 位门：导槽结构材	18	木芯板
8. 空心门片：表面装饰材	3	实木贴皮夹板
9. 空心门片：木架构的龙骨	60×18	纵向胶合夹板龙骨
10. 空心门片：结构板材（内）	3	木纹夹板
11. 门片造型	—	百叶实木条

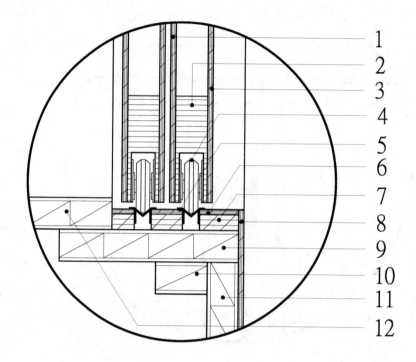

1
2
3
4
5
6
7
8
9
10
11
12

▌橱柜：两片式拉门轮轴配件		侧面剖图 比例 1：2

结构材名称	材料尺寸 /mm	材质
1. 空心门片：结构板材（内）	3	木纹板
2. 空心门片：木架构的龙骨	60×18	纵向胶合夹板龙骨
3. 空心门片：结构板材（外）	3	实木贴皮夹板
4. V 形轮	—	—
5. V 形轮：专用铝轨	—	—
6. 导槽：装饰板材	3	实木贴皮夹板
7. 导槽：结构板材	9	夹板
8. 踢脚线：装饰板材	3	实木贴皮夹板
9. 踢脚线：结构材	18	木芯板
10. 踢脚线：钉接辅助材	18	木芯板
11. 拉门框：立向结构材	18	木芯板
12. 柜体	18	单面贴皮木芯板

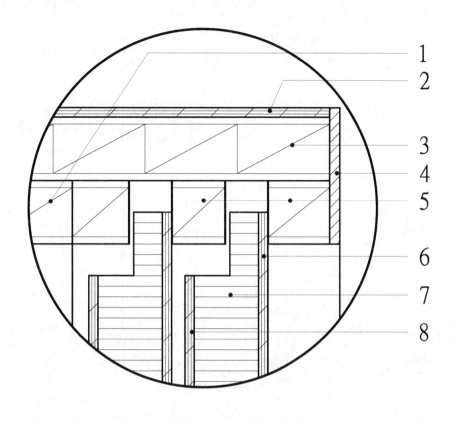

| 橱柜：两片式拉门上导槽 -1 | 侧面剖图 比例 1:1 |

结构材名称	材料尺寸 /mm	材质
1. 柜体	18	单面贴皮木芯板
2. 拉门框：上封板	6	夹板
3. 拉门框：主结构板材	18	木芯板
4. 正面封边	45×6	实木条
5. 拉门：导槽结构材	18	木芯板
6. 空心门片：表面装饰材（外）	3	实木贴皮夹板
7. 空心门片：木架构的龙骨	60×18	纵向胶合夹板龙骨
8. 空心门片：表面装饰材（内）	3	木纹板

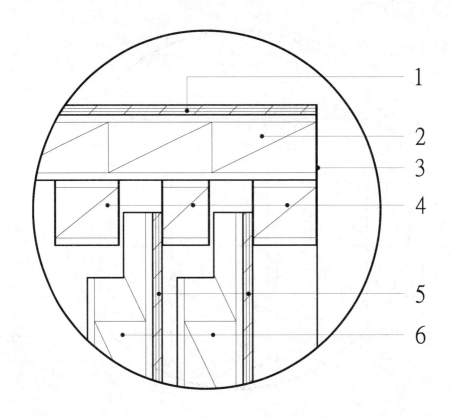

橱柜：两片式拉门上导槽 -2		侧面剖图 比例 1：1

结构材名称	材料尺寸 /mm	材质
1. 台面：装饰材	3	实木贴皮夹板
2. 柜体	18	单面贴皮木芯板
3. 正面封边	—	贴皮
4. 拉门：导槽结构材	18	木芯板
5. 门片：表面装饰材	3	实木贴皮夹板
6. 门片	18	单面贴皮木芯板

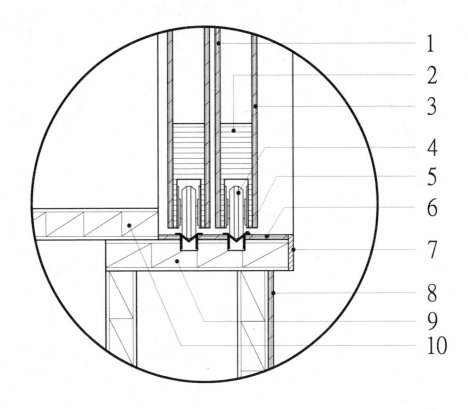

1
2
3
4
5
6
7
8
9
10

橱柜：两片式拉门（内嵌沟槽）与轮轴配件	侧面剖图 比例 1:2	

结构材名称	材料尺寸 /mm	材质
1. 空心门片：结构板材（内）	3	木纹板
2. 空心门片：木架构的龙骨	60×18	纵向胶合夹板龙骨
3. 空心门片：结构板材（外）	3	贴皮夹板
4. V 形轮	—	—
5. V 形轮：专用铝轨	—	—
6. 拉门底座：表面装饰材	3	贴皮夹板
7. 侧面封边	—	实木条
8. 踢脚线：表面装饰材	3	贴皮夹板
9. 拉门底座：主结构板材	18	木芯板
10. 柜体	18	单面贴皮木芯板

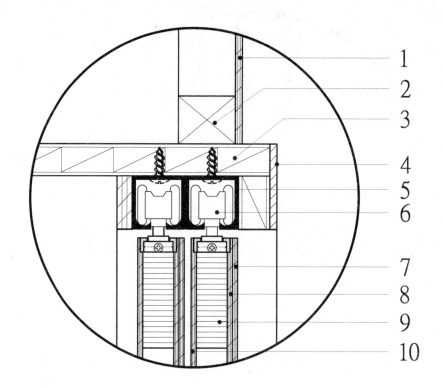

橱柜：悬吊两片式拉门与轮轴配件	侧面剖图 比例 1：2

结构材名称	材料尺寸 /mm	材质
1. 塔头：表面板材	6	夹板
2. 塔头：结构龙骨	36×30	柳安、松木、夹板龙骨
3. 柜体：上顶板	18	单面贴皮木芯板
4. 正面封边	—	实木条
5. 铝轨		
6. 悬吊式拉门：轮轴组	—	
7. 空心门片：表面装饰材	3	贴皮夹板
8. 空心门片：结构板材	6	夹板
9. 空心门片：木架构的龙骨	60×18	纵向胶合夹板龙骨
10. 空心门片：结构板材	3	木纹板

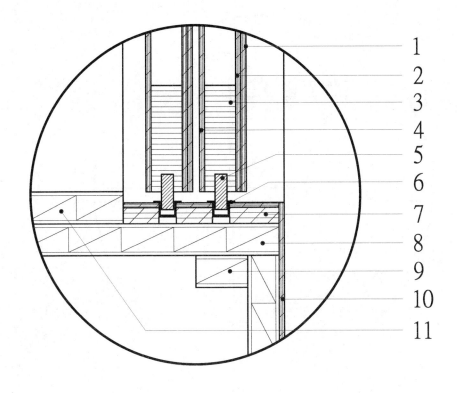

▍橱柜：悬吊式拉门实木下挡与构件		侧面剖图 比例 1:2

结构材名称	材料尺寸 /mm	材质
1. 空心门片：表面装饰材	3	贴皮夹板
2. 空心门片：结构板材	3	夹板
3. 空心门片：木架构的龙骨	60×18	纵向胶合夹板龙骨
4. 空心门片：结构板材（内）	3	木纹板
5. 门片：下挡	9×30	实木
6. ⊓形铝轨	—	—
7. 铝轨：沟槽结构材	9	夹板
8. 底座：主结构板材	18	木芯板
9. 踢脚线：固定辅助材	18	木芯板
10. 踢脚线：表面装饰材	3	贴皮夹板
11. 柜体：下底板	18	单面贴皮木芯板

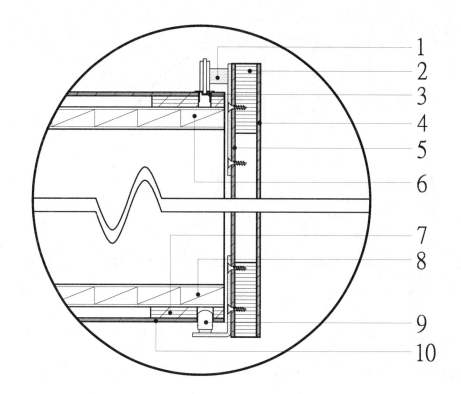

橱柜：单片外挂式拉门	侧面剖图 比例 1:3

结构材名称	材料尺寸 /mm	材质
1. 外挂式拉门：专用 T 形轮轴	—	—
2. 空心门片：结构龙骨	60×18	纵向胶合夹板龙骨
3. T 形铝轨	—	—
4. 空心门片：结构板材（外）	3	实木贴皮夹板
5. 空心门片：结构板材（内）	3	贴皮夹板
6. 柜体上顶板	18	单面贴皮木芯板
7. 拉门沟槽结构材	9	夹板
8. 柜体下底板	18	单面贴皮木芯板
9. 拉门壁式下挡	—	—
10. 柜体：表面装饰材	3	实木贴皮夹板

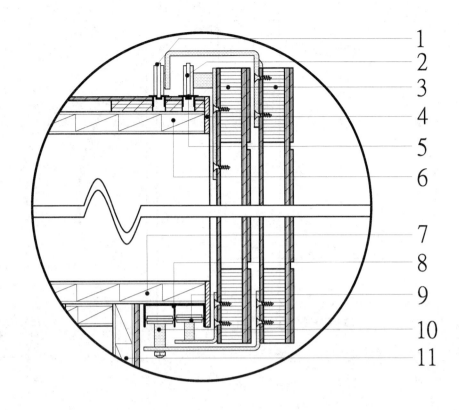

橱柜：双片外挂式拉门		侧面剖图 比例 1:3

结构材名称	材料尺寸 /mm	材质
1. 外挂式拉门：专用 T 形轮轴（外）	—	—
2. 外挂式拉门：专用 T 形轮轴（内）	—	—
3. 外挂式空心拉门	—	—
4. 柜体正面封边	—	实木条
5. T 形铝轨	—	—
6. 柜体上顶板	18	单面贴皮木芯板
7. 柜体下底板	18	单面贴皮木芯板
8. 外挂式拉门：下轮轴专用铝轨	—	—
9. 外挂式拉门：专用轮轴（下内）	—	—
10. 外挂式拉门：专用轮轴（下外）	—	—
11. 踢脚线：立向板材	18	木芯板

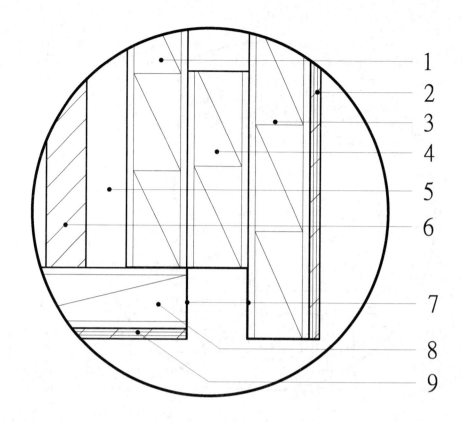

柜体加框：留 18 mm 企口	平面剖图 比例 1:1

结构材名称	材料尺寸 /mm	材质
1. 柜体：立向板材	18	木芯板
2. 柜体：加框表面装饰材	3	实木贴皮夹板
3. 柜体：加框结构板材	18	木芯板
4. 柜体：加框结构材	18	木芯板
5. 抽屉滑轨	—	—
6. 抽屉：结构板材的抽墙	12	实木抽墙板
7. 侧面封边	—	实木贴皮
8. 抽屉：结构板材的抽头	18	单面实木贴皮木芯板
9. 抽屉：表面装饰材	3	实木贴皮夹板

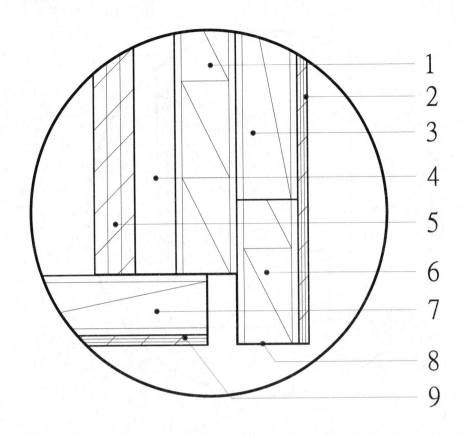

柜体加框：留 9 mm 企口		平面剖图 比例 1:1
结构材名称	材料尺寸 /mm	材质
1. 柜体：立向板材	18	木芯板
2. 柜体：加框表面装饰材	3	实木贴皮夹板
3. 柜体：加框结构板材	18	木芯板
4. 抽屉滑轨	—	—
5. 抽屉：结构板材的抽墙	12	夹板贴皮抽墙板
6. 柜体：加框结构板材	18	木芯板
7. 抽屉：结构板材的抽头	18	单面实木贴皮木芯板
8. 侧面封边	—	实木贴皮
9. 抽屉：表面装饰材	3	实木贴皮夹板

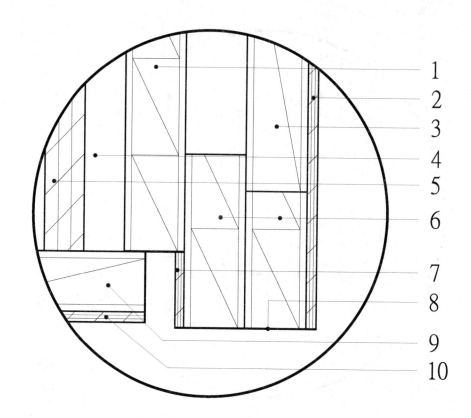

| 柜体加框 –1 | | 平面剖图 比例 1:1 |

结构材名称	材料尺寸 /mm	材质
1. 柜体立向：板材	18	木芯板
2. 柜体加框：表面装饰材	3	实木贴皮夹板
3. 柜体加框：结构板材	18	木芯板
4. 抽屉滑轨	—	—
5. 抽屉结构板材：抽屉墙板	12	夹板贴皮抽墙板
6. 柜体加框：结构板材	18	木芯板
7. 柜体加框：侧面装饰材	3	实木贴皮夹板
8. 正面封边	—	实木皮
9. 抽屉结构板材：抽头	18	单面贴皮木芯板
10. 抽屉表面装饰材	3	实木贴皮夹板

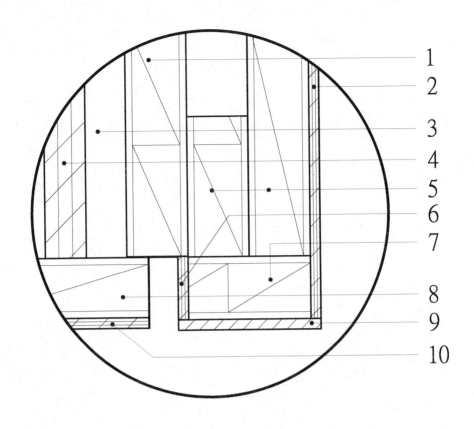

■ 柜体加框 –2	平面剖图 比例 1:1	
结构材名称	**材料尺寸 /mm**	**材质**
1. 柜体：立向板材	18	木芯板
2. 柜体：加框表面装饰材	3	实木贴皮夹板
3. 抽屉滑轨	—	—
4. 抽屉：结构板材的抽墙	12	夹板贴皮抽墙板
5. 柜体：加框结构板材	18	木芯板
6. 加框侧面装饰材	3	实木贴皮夹板
7. 柜体：加框结构板材	18	木芯板
8. 抽屉：结构板材的抽头	18	单面贴皮木芯板
9. 柜体：加框正面封边材	45	实木条
10. 抽屉：表面装饰材	3	实木贴皮夹板

塔头 拉门 加框 连接面 企口 桌脚 踢脚线 抽屉 吊柜

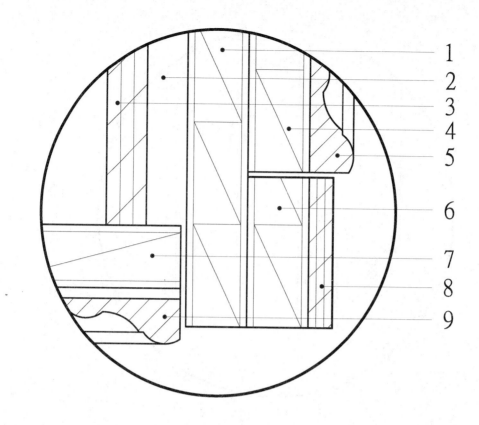

1
2
3
4
5
6
7
8
9

结构材名称	材料尺寸 /mm	材质
1. 柜体：立向板材	18	木芯板
2. 抽屉滑轨	—	—
3. 抽屉：结构板材的抽墙	12	夹板贴皮抽墙板
4. 造型固定板材	18	木芯板
5. 柜体侧面：表面造型材	27	斜边实木线板
6. 柜体：加框结构板材	18	木芯板
7. 抽屉：结构板材的抽头	18	单面贴皮木芯板
8. 柜体：加框结构板材	7	夹板
9. 抽屉：表面造型材	27	斜边实木线板

■ 柜体加造型框 -1

平面剖图
比例 1 : 1

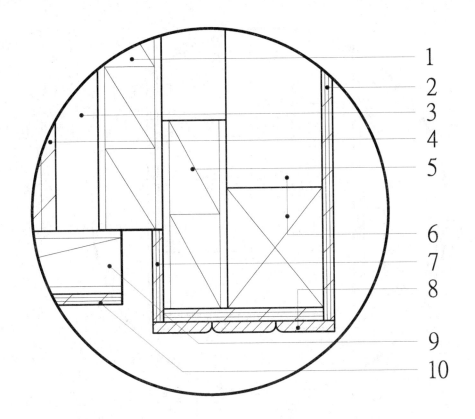

1
2
3
4
5
6
7
8
9
10

柜体加造型框 –2	平面剖图 比例 1:1	

结构材名称	材料尺寸 /mm	材质
1. 柜体：立向板材	18	木芯板
2. 柜体：加框表面装饰材	3	实木贴皮夹板
3. 抽屉滑轨	—	夹板贴皮抽墙板
4. 抽屉：结构板材的抽墙	12	—
5. 柜体：加框结构板材	18	木芯板
6. 柜体：加框结构的横、立向龙骨	36×30	柳安、松木、夹板龙骨
7. 柜体：加框侧面装饰材	—	实木贴皮夹板
8. 柜体：加框正面封边材	3	实木条
9. 抽屉：结构板材的抽头	18	单面贴皮木芯板
10. 抽屉：表面装饰材	3	实木贴皮夹板

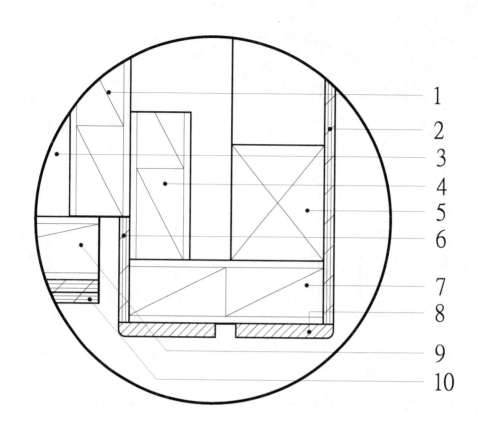

柜体加造型框 –3		平面剖图 比例 1 : 1

结构材名称	材料尺寸 /mm	材质
1. 柜体：立向板材	18	木芯板
2. 柜体：加框表面装饰材	3	实木贴皮夹板
3. 抽屉滑轨	—	—
4. 柜体：加框结构板材	18	木芯板
5. 柜体：加框结构的立向龙骨	36×30	柳安、松木、夹板龙骨
6. 柜体：加框侧面装饰材	3	实木贴皮夹板
7. 柜体：加框结构板材	18	木芯板
8. 柜体：加框正面封边材	30	实木条
9. 抽屉：结构板材的抽头	18	单面贴皮木芯板
10. 抽屉：表面装饰材	3	实木贴皮夹板

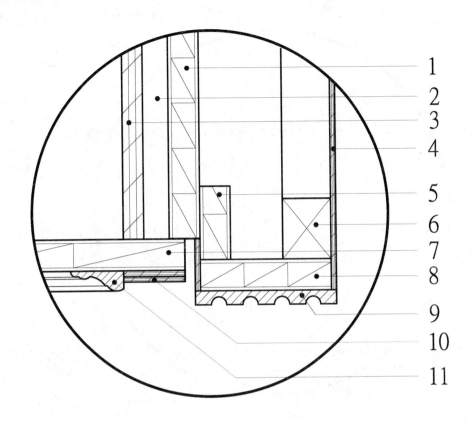

柜体加造型框 -4	平面剖图 比例 1:2	

结构材名称	材料尺寸 /mm	材质
1. 柜体:立向板材	18	木芯板
2. 抽屉滑轨	—	—
3. 抽屉:结构板材的抽墙	12	夹板贴皮抽墙板
4. 柜体:加框表面装饰材	3	实木贴皮夹板
5. 柜体:加框结构板材	18	木芯板
6. 柜体:加框结构的立向龙骨	36×30	柳安、松木、夹板龙骨
7. 抽屉:结构板材的抽头	18	单面贴皮木芯板
8. 抽屉:加框结构板材	18	木芯板
9. 柜体:加框正面封边材	90	实木板
10. 抽屉:表面装饰材	3	实木贴皮夹板
11. 抽屉:表面造型材	24	斜边实木线板

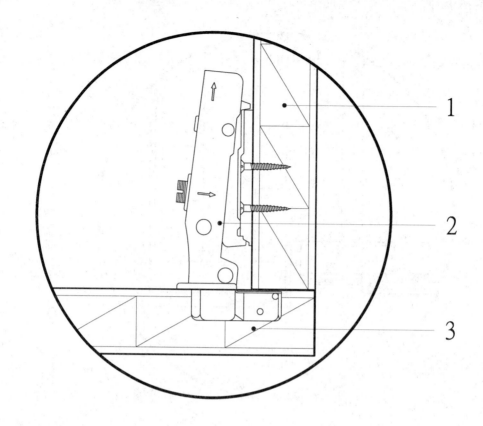

门片盖 18 mm		平面剖图 比例 1:1
结构材名称	材料尺寸 /mm	材质
1. 柜体：立向板材	18	双面贴皮木芯板
2. 缓动德式铰链	18（盖）[①]	—
3. 门片板材	18	双面贴皮木芯板

注① 指门片盖住框体的立向板材 18 mm。

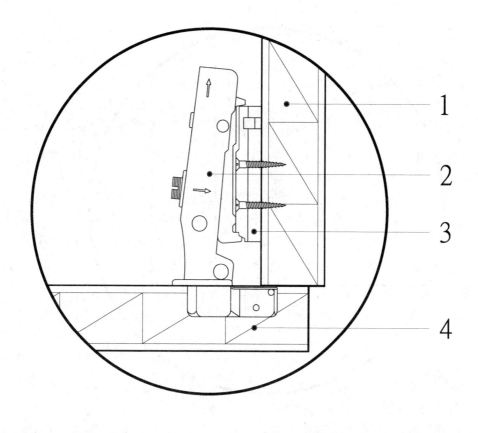

▌门片盖 13.5 mm		平面剖图 比例 1:1
结构材名称	材料尺寸 /mm	材质
1. 柜体：立向板材	18	双面贴皮木芯板
2. 缓动德式铰链	18（盖）	—
3. 塑胶垫片	—	—
4. 门片板材	18	双面贴皮木芯板

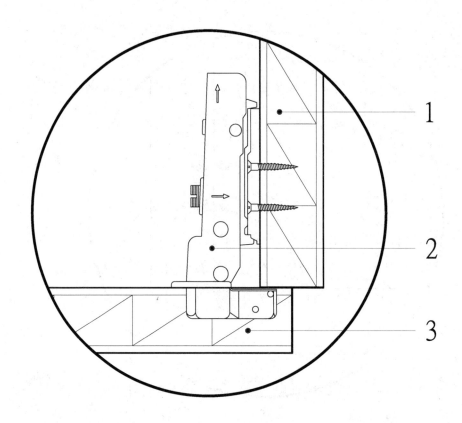

门片盖 9 mm		平面剖图 比例 1:1
结构材名称	材料尺寸 /mm	材质
1. 柜体：立向板材	18	双面贴皮木芯板
2. 缓动德式铰链	9（盖）[①]	—
3. 门片板材	18	双面贴皮木芯板

注① 指门片盖住框体的立向板材 9 mm。

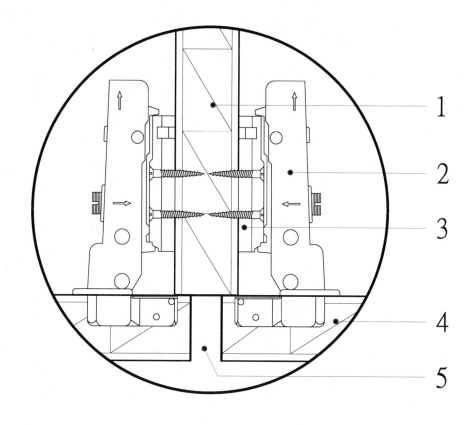

1
2
3
4
5

门片盖 4.5 mm	平面剖图 比例 1:1

结构材名称	材料尺寸 /mm	材质
1. 柜体：立向板材	18	双面贴皮木芯板
2. 缓动德式铰链	9（盖）	—
3. 塑胶垫片	—	—
4. 门片板材	18	双面贴皮木芯板
5. 企口	9	—

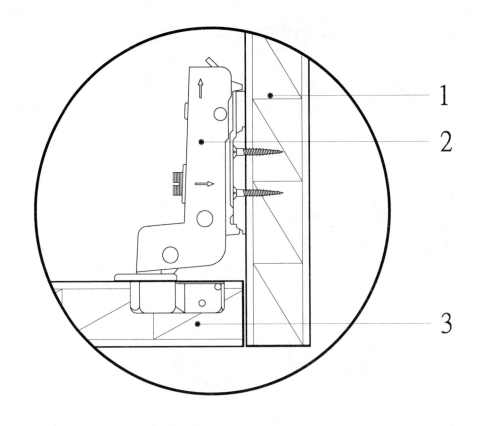

门片入柱[1]		平面剖图 比例 1:1
结构材名称	材料尺寸 /mm	材质
1. 柜体：立向板材	18	双面贴皮木芯板
2. 缓动德式铰链（入柱）	—	—
3. 门片板材	18	双面贴皮木芯板

注① 在装修工程中，门片安装在框体内称为入柱。

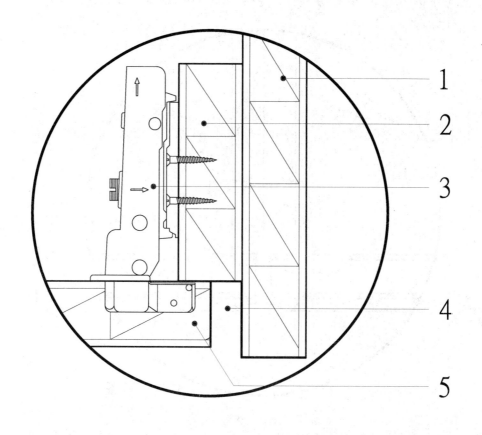

▋门片入柱盖 9 mm		平面剖图 比例 1:1

结构材名称	材料尺寸 /mm	材质
1. 柜体：立向板材	18	双面贴皮木芯板
2. 入柱加垫板材	18	双面贴皮木芯板
3. 缓动德式铰链	9（盖）	—
4. 企口	9	—
5. 门片板材	18	双面贴皮木芯板

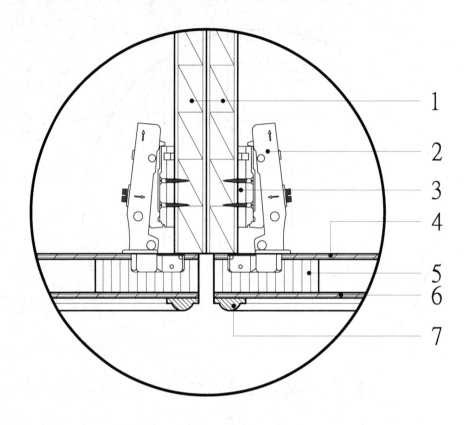

企口 9 mm		平面剖图 比例 1:2
结构材名称	材料尺寸 /mm	材质
1. 柜体：立向板材	18	双面贴皮木芯板
2. 缓动德式铰链	18（盖）	—
3. 塑胶垫片	—	—
4. 空心门片：结构板材（内）	3	贴皮夹板
5. 空心门片：木架构的龙骨	60×18	纵向胶合夹板龙骨
6. 空心门片：结构板材（外）	3	贴皮夹板
7. 门片造型	18	实木线板

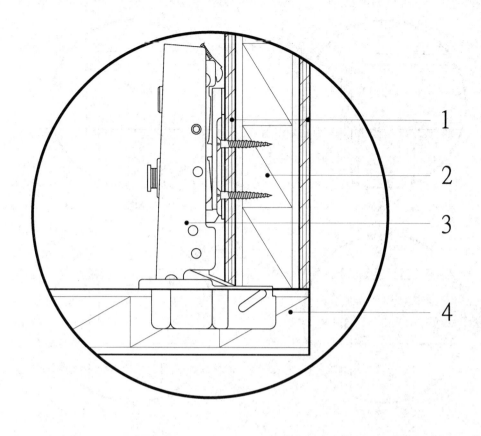

塔头 拉门 加框 **连接面** 企口 桌脚 踢脚线 抽屉 吊柜

▋门片盖 24 mm		平面剖图 比例 1:1

结构材名称	材料尺寸 /mm	材质
1. 柜体：内、外表面装饰材	3	实木贴皮夹板
2. 柜体：立向板材	18	单面贴皮木芯板
3. 40.5 mm 厚门专用缓动德式铰链	18（盖）	—
4. 门片板材	18	双面贴皮木芯板

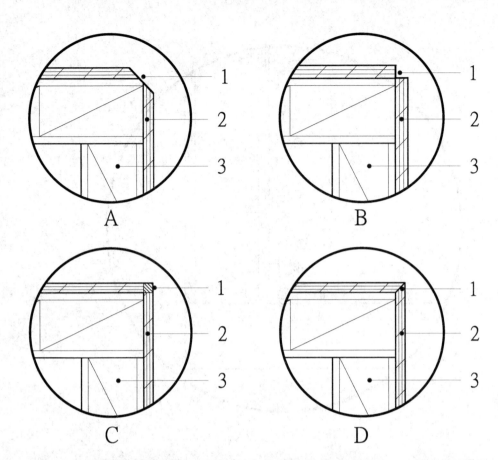

表面板材交接 -1		侧面剖图 比例 1：1
结构材名称	材料尺寸 /mm	材质
1. 板材倒斜角：贴皮（A1）	—	—
板材留企口：内贴皮（B1）	—	—
板材预留企口：内填实木材（C1）	—	—
板材刨 45° 斜角：对接（D1）	—	—
2. 表面装饰材	3	实木贴皮夹板
3. 结构板材	18	木芯板

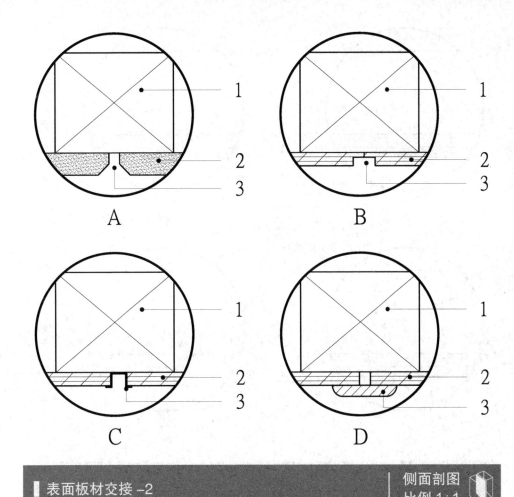

表面板材交接 -2		侧面剖图 比例 1:1

结构材名称	材料尺寸 /mm	材质
1. 木架构龙骨	—	柳安、松木、夹板龙骨
2. 木架构表面板材	—	硅酸钙板、夹板
A3. 板材预留企口	—	—
B3. 刻沟板材交接	36×30	—
C3. 铝企口压条	6	—
D3. 实木压条	3~5	—

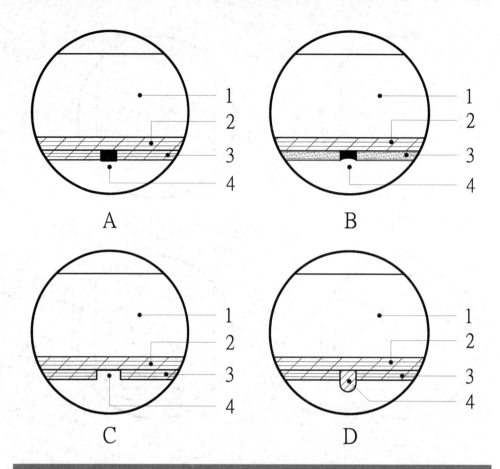

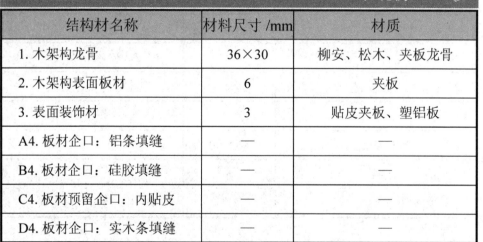

表面板材交接 –3		侧面剖图 比例 1：1

结构材名称	材料尺寸 /mm	材质
1. 木架构龙骨	36×30	柳安、松木、夹板龙骨
2. 木架构表面板材	6	夹板
3. 表面装饰材	3	贴皮夹板、塑铝板
A4. 板材企口：铝条填缝	—	—
B4. 板材企口：硅胶填缝	—	—
C4. 板材预留企口：内贴皮	—	—
D4. 板材企口：实木条填缝	—	—

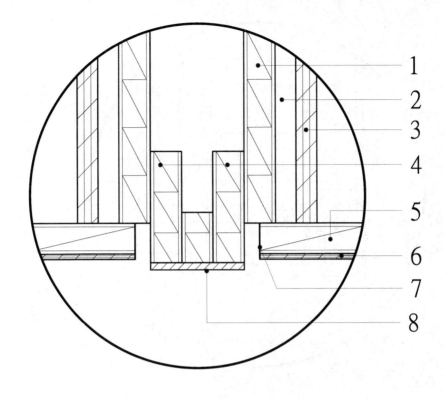

柜体间加柱 –1		平面剖图 比例 1:2

结构材名称	材料尺寸 /mm	材质
1. 柜体：立向板材	18	木芯板
2. 抽屉轨道	—	—
3. 抽屉：结构板材的抽墙	12	夹板贴皮抽墙板
4. 柜体：连接结构材	18	实木贴皮木芯板
5. 抽屉：结构板材的抽头	18	单面贴皮木芯板
6. 抽屉：表面装饰材	3	实木贴皮夹板
7. 抽屉：侧面封边	—	实木贴皮
8. 柜体：连接架构的正面封边	54×6	实木条

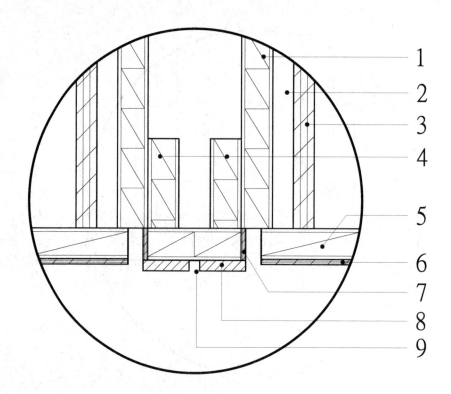

■ 柜体间加柱 –2	平面剖图 比例 1 : 2	

结构材名称	材料尺寸 /mm	材质
1. 柜体：立向板材	18	木芯板
2. 抽屉轨道	—	—
3. 抽屉：结构板材的抽墙	12	夹板贴皮抽墙板
4. 柜体：连接结构材	18	木芯板
5. 抽屉：结构板材的抽头	18	单面贴皮木芯板
6. 抽屉：表面装饰材	3	实木贴皮夹板
7. 柜体：连接架构的侧面封边	3	实木贴皮夹板
8. 柜体：连接架构的正面封边	6	实木条
9. 正面封边：预留企口	6	—

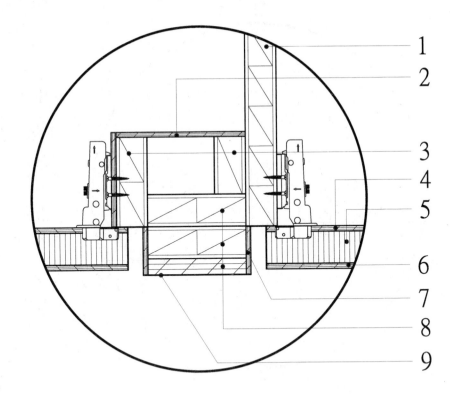

柜体间加柱 –3	平面剖图 比例 1:2	
结构材名称	**材料尺寸 /mm**	**材质**
1. 柜体：立向板材	18	木芯板
2. 柜体：造型结构板材	6	贴皮夹板
3. 抽屉：造型结构材	18	木芯板
4. 空心门片：结构板材（内）	3	贴皮夹板
5. 空心门片：木架构龙骨	60×18	纵向胶合夹板龙骨
6. 空心门片：结构板材（外）	3	实木贴皮夹板
7. 柜体：造型、侧面封边	3	实木贴皮夹板
8. 柜体造型：结构板材	9（18）	夹板（木芯板）
9. 柜体：造型结构材正面封边	—	实木贴皮

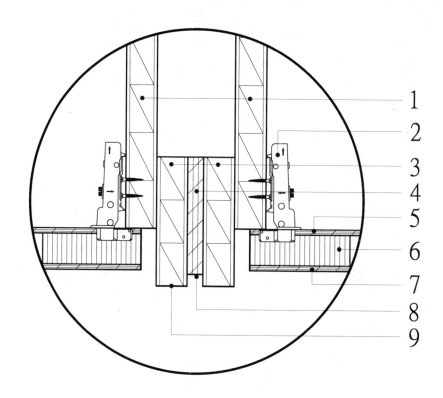

柜体间加柱 –4	平面剖图 比例 1:2

结构材名称	材料尺寸 /mm	材质
1. 柜体：立向板材	18	单面贴皮木芯板
2. 德式铰链	9（盖）	—
3. 柜体：造型结构材	18	双面实木贴皮木芯板
4. 柜体：造型结构材	9	夹板
5. 空心门片：结构板材（内）	3	贴皮夹板
6. 空心门片：结构龙骨	60×18	纵向胶合龙骨
7. 空心门片：结构板材（外）	3	实木贴皮夹板
8. 柜体：沟槽造型正面封边	—	实木贴皮
9. 柜体：造型结构材正面封边	—	实木贴皮

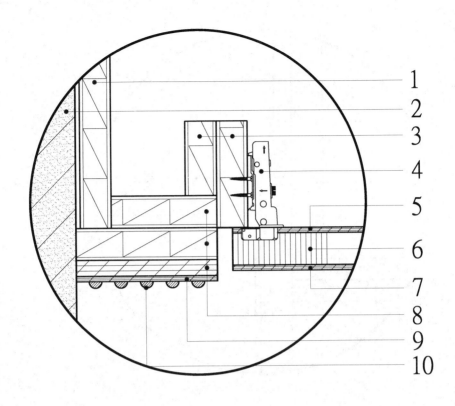

柜体加造型柱		平面剖图 比例 1:2
结构材名称	**材料尺寸 /mm**	**材质**
1. 柜体：立向板材	18	单面贴皮木芯板
2. 砖造墙	—	—
3. 德式铰链固定结构材	18	单面贴皮木芯板
4. 德式铰链	9（盖）	—
5. 空心门片：结构板材（内）	3	贴皮夹板
6. 空心门片：结构龙骨	60×18	纵向胶合夹板龙骨
7. 空心门片：结构板材（外）	3	实木贴皮夹板
8. 柱子结构材	9、18、18	夹板、木芯板
9. 柱子表面装饰材	3	实木贴皮夹板
10. 柱子造型材	12	实木半圆线板

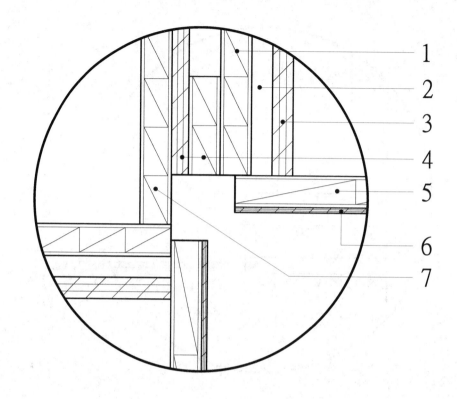

■ L形书桌柜		平面剖图 比例 1:2
结构材名称	材料尺寸 /mm	材质
1. 柜体:立向板材	18	木芯板
2. 抽屉轨道	—	—
3. 抽屉:结构板材的抽墙	12	夹板贴皮抽墙板
4. 柜体:连接结构材	9(18)	夹板(木芯板)
5. 抽屉:结构板材的抽头	18	单面贴皮木芯板
6. 抽屉:表面装饰材	3	实木贴皮夹板
7. 柜体:连接主结构材	18	木芯板

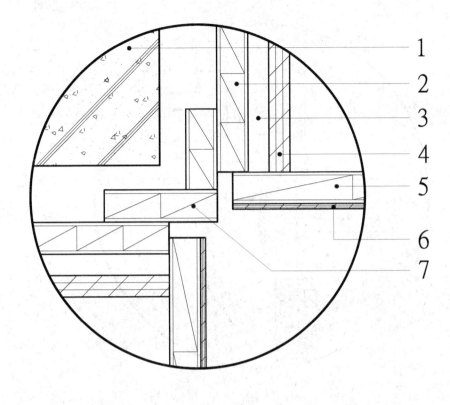

包柱 L 形柜	平面剖图 比例 1:2

结构材名称	材料尺寸 /mm	材质
1. 钢筋混凝土柱	—	—
2. 柜体：立向板材	18	木芯板
3. 抽屉轨道	—	—
4. 抽屉：结构板材的抽墙	12	夹板贴皮抽墙板
5. 抽屉：结构板材的抽头	18	单面贴皮木芯板
6. 抽屉：表面装饰材	3	实木贴皮夹板
7. 柜体：连接结构材	18	木芯板

241

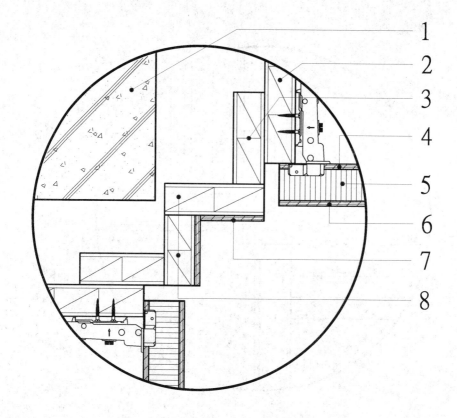

加框 L 形柜 –1		平面剖图 比例 1:2
结构材名称	**材料尺寸 /mm**	**材质**
1. 钢筋混凝土柱	—	—
2. 柜体：立向板材	18	单面贴皮木芯板
3. 柜体：连接结构材	18	木芯板
4. 空心门片：结构板材（内）	3	贴皮夹板
5. 空心门片：木架构的龙骨	60×18	纵向胶合夹板龙骨
6. 空心门片：结构板材（外）	3	实木贴皮夹板
7. 柜体：连接结构的表面饰材	3	实木贴皮夹板
8. 柜体：连接结构材	18	木芯板

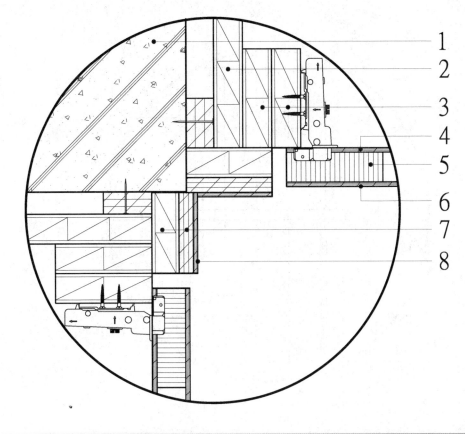

1
2
3
4
5
6
7
8

加框 L 形柜 –2	平面剖图 比例 1:2

结构材名称	材料尺寸 /mm	材质
1.钢筋混凝土柱	—	—
2.柜体：立向板材	18	单面贴皮木芯板
3.铰链固定：结构板材	18	木芯板
4.空心门片：结构板材（内）	3	贴皮夹板
5.空心门片：木架构的龙骨	60×18	纵向胶合夹板龙骨
6.空心门片：结构板材（外）	3	实木贴皮夹板
7.柜体：连接结构材	9（18）	夹板（木芯板）
8.柜体：连接结构的表面饰材	3	实木贴皮夹板

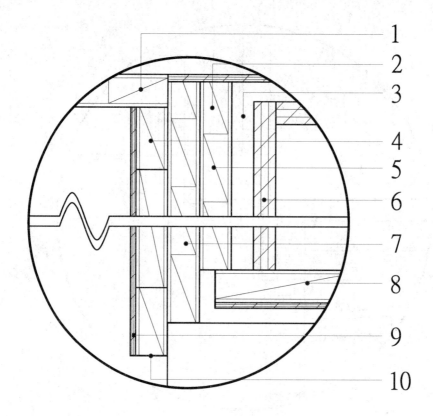

| 无门式 L 形衣柜转角 | 平面剖图 比例 1:2 | |

结构材名称	材料尺寸 /mm	材质
1. 直向柜体：立向板材	18	单面贴皮木芯板
2. 柜体：背板	6	贴皮夹板
3. 三段式滑轨	—	—
4. 柜体连接固定板材	18	木芯板
5. 抽屉柜：立向板材	18	木芯板
6. 抽屉结构材：抽墙	12	贴皮夹板抽墙板
7. 横向柜体：立向板材	18	单面贴皮木芯板
8. 抽屉结构材：抽头	18	单面贴皮木芯板
9. 柜体连接表面装饰材	3	贴皮夹板
10. 侧面封边	—	实木贴皮

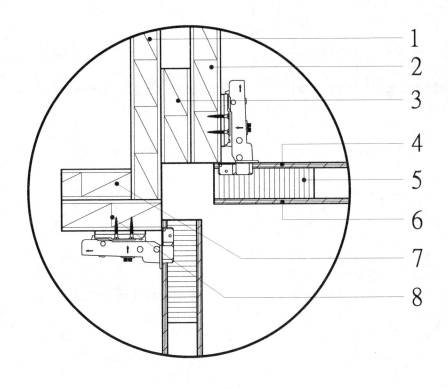

结构材名称	材料尺寸 /mm	材质
1. 柜体：连接主结构材	18	单面贴皮木芯板
2. 柜体：立向板材	18	单面贴皮木芯板
3. 柜体：连接结构材	18	木芯板
4. 空心门片：结构板材（内）	3	贴皮夹板
5. 空心门片：木架构的龙骨	60×18	纵向胶合夹板龙骨
6. 空心门片：结构板材（外）	3	实木贴皮夹板
7. 铰链固定：结构板材	18	单面贴皮木芯板
8. 铰链固定：主结构板材	18	单面贴皮木芯板

■ 有门式 L 形衣柜转角　　平面剖图 比例 1:2

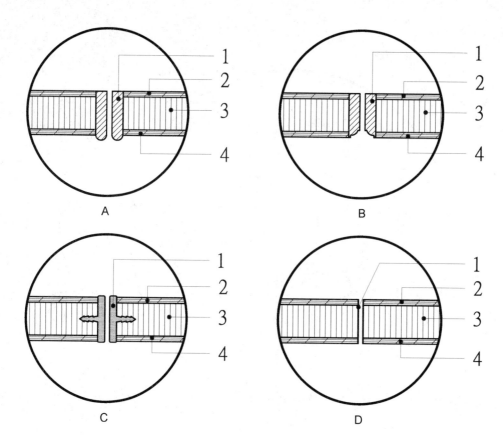

| 门片：侧面封边形式 | 平面剖图 比例 1:2 |

结构材名称	材料尺寸 /mm	材质
1. 空心门片：侧面封边	—	实木条、铝条、实木贴皮
2. 空心门片：结构板材（内）	3	贴皮夹板
3. 空心门片：木架构的龙骨	60×18	纵向胶合夹板龙骨
4. 空心门片：结构板材（外）	3	实木贴皮夹板

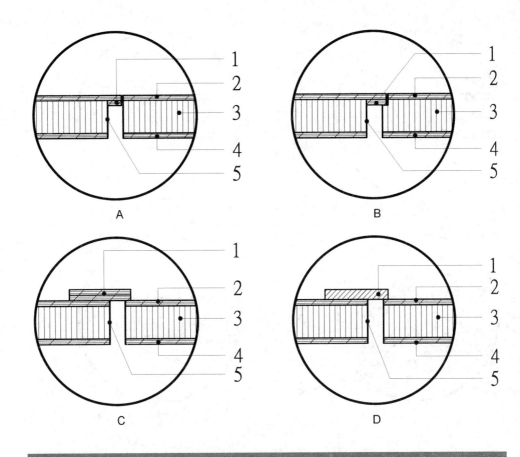

	平面剖图 比例 1:2
▌门片:企口挡板样式 –1	

结构材名称	材料尺寸 /mm	材质
1. 空心门片:企口挡板	—	贴皮夹板、实木条
2. 空心门片:结构板材(内)	3	贴皮夹板
3. 空心门片:木架构的龙骨	60×18	纵向胶合夹板龙骨
4. 空心门片:结构板材(外)	3	实木贴皮夹板
5. 空心门片:侧面封边	—	实木贴皮

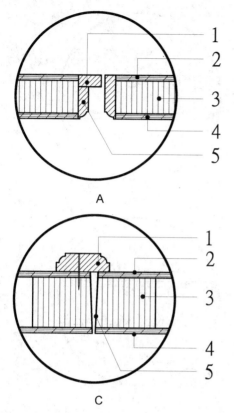

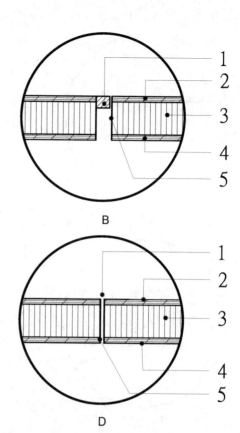

门片：企口挡板样式 -2		平面剖图 比例 1:2
结构材名称	**材料尺寸 /mm**	**材质**
1. 空心门片：企口挡板	—	实木条（无挡板式）
2. 空心门片：结构板材（内）	3	贴皮夹板
3. 空心门片：结构龙骨	—	纵向胶合夹板龙骨
4. 空心门片：结构板材（外）	3	实木贴皮夹板
5. 空心门片：侧面封边	—	实木条（实木贴皮）

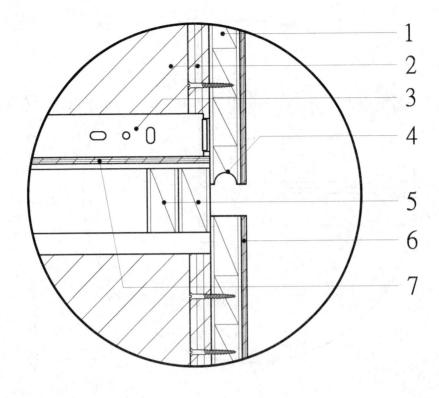

抽屉企口与暗把手		侧面剖图 比例 1：2
结构材名称	材料尺寸 /mm	材质
1. 抽屉：结构板材的抽头	18	单面贴皮木芯板
2. 抽屉：结构板材的抽墙	12	贴皮夹板抽墙板
3. 三段式滑轨	—	—
4. 抽屉：暗把手	—	—
5. 企口挡板	18	木芯板
6. 抽屉：表面装饰材	3	实木贴皮夹板
7. 抽屉：结构板材的抽底	6	贴皮夹板

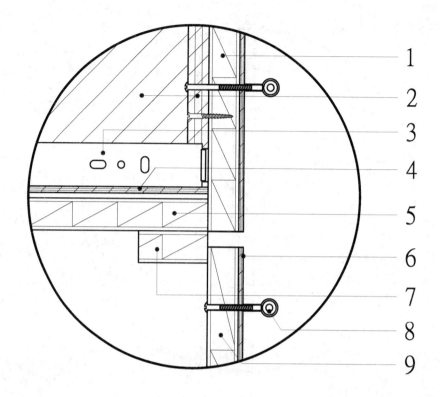

抽屉与门片企口	侧面剖图 比例 1:2	

结构材名称	材料尺寸 /mm	材质
1. 抽屉：结构板材的抽头	18	单面贴皮木芯板
2. 抽屉：结构板材的抽墙	12	贴皮夹板抽墙板
3. 三段式滑轨	—	—
4. 抽屉：结构板材的抽底	6	贴皮夹板
5. 柜体：横向板材	18	单面贴皮木芯板
6. 抽屉：表面装饰材	3	实木贴皮夹板
7. 企口挡板	18	木芯板
8. 把手	—	—
9. 门片板材	—	单面贴皮木芯板

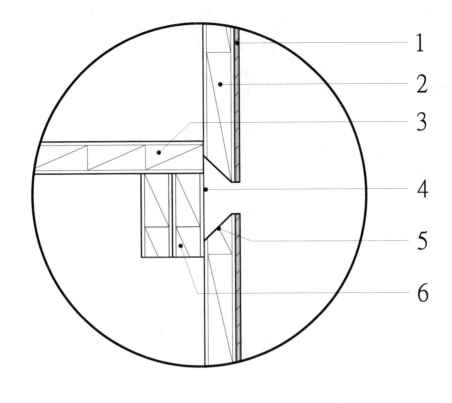

门片企口与斜边暗把		侧面剖图 比例 1：2

结构材名称	材料尺寸 /mm	材质
1.门片：表面装饰材	3	实木贴皮夹板
2.门片板材	18	单面贴皮木芯板
3.柜体：横向板材	18	双面贴皮木芯板
4.正面封边	—	实木贴皮
5.门片倒斜角（把手）	—	—
6.企口挡板	18	木芯板

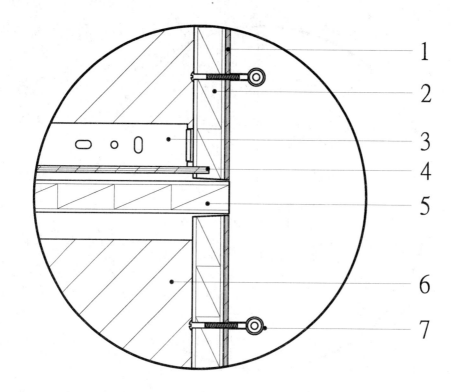

结构材名称	材料尺寸 /mm	材质
1. 抽屉：表面装饰材	3	实木贴皮夹板
2. 抽屉：结构板材的抽头	18	单面贴皮木芯板
3. 三段式滑轨	—	—
4. 抽屉：结构板材的抽底	6	贴皮夹板
5. 柜体：横向板材	18	木芯板
6. 抽屉：结构板材的抽墙	12	贴皮夹板抽墙板
7. 把手	—	—

入柱型抽屉

侧面剖图
比例 1：2

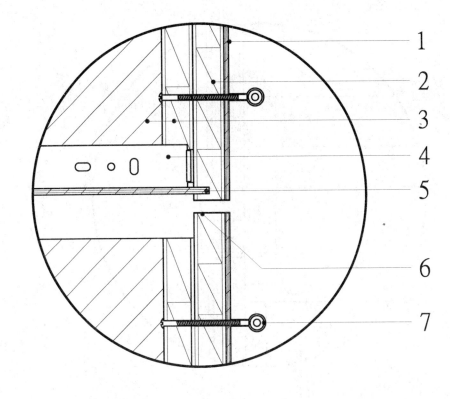

抽屉：无企口挡板式		侧面剖图 比例 1:2
结构材名称	材料尺寸 /mm	材质
1. 抽屉：表面装饰材	3	实木贴皮夹板
2. 抽屉：结构板材的抽头	18	单面贴皮木芯板
3. 抽屉：结构板材的抽墙	18	双面贴皮木芯板
4. 三段式滑轨	—	—
5. 抽屉：结构板材的抽底	6	贴皮夹板
6. 门片侧面封边	—	实木贴皮
7. 把手	—	—

塔头 拉门 加框 连接面 企口 桌脚 踢脚线 抽屉 吊柜

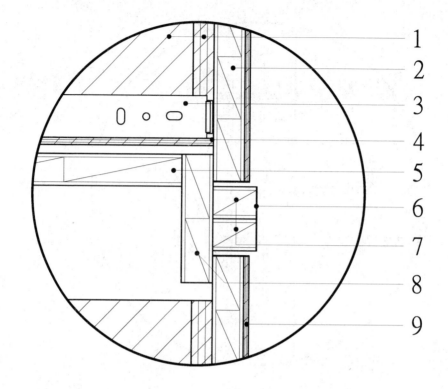

结构材名称	材料尺寸 /mm	材质
1. 抽屉：结构板材的抽墙	12	贴皮夹板抽墙板
2. 抽屉：结构板材的抽头	18	单面贴皮木芯板
3. 三段式滑轨	—	—
4. 抽屉：结构板材的抽底	6	贴皮夹板
5. 轨道安装辅助材	18	木芯板
6. 加厚板材：正面封边	—	实木贴皮
7. 柜体：加框造型板材	18	木芯板
8. 企口挡板	18	木芯板
9. 抽屉：表面装饰材	3	实木贴皮夹板

▌抽屉入柱加框 –1

侧面剖图 比例 1:2

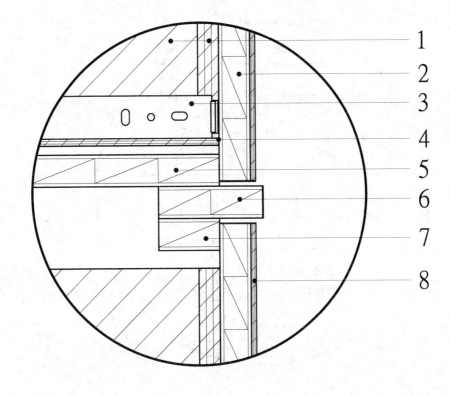

| 抽屉入柱加框 -2 | 侧面剖图 比例 1：4 |

结构材名称	材料尺寸 /mm	材质
1. 抽屉：结构板材的抽墙	12	贴皮夹板抽墙板
2. 抽屉：结构板材的抽头	18	单面贴皮木芯板
3. 三段式滑轨	—	—
4. 抽屉：结构板材的抽底	6	贴皮夹板
5. 柜体：横向板材	18	木芯板
6. 柜体：加框造型板材	18	木芯板
7. 企口挡板	18	木芯板
8. 抽屉：表面装饰材	3	实木贴皮夹板

塔头 拉门 加框 连接面 企口 桌脚 踢脚线 抽屉 吊柜

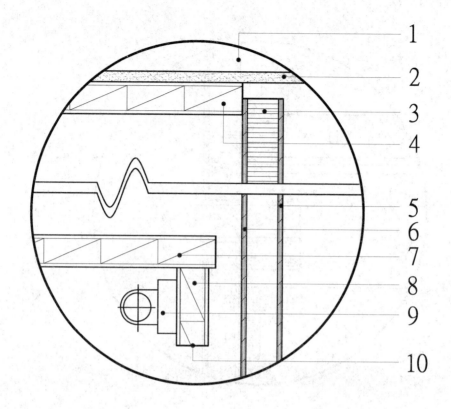

衣柜灯		侧面剖图 比例 1:2

结构材名称	材料尺寸 /mm	材质
1. 天花板：木架构	36×30	柳安、松木、夹板龙骨
2. 天花板：表面板材	6	硅酸钙板
3. 空心门片：结构板材	60×18	纵向胶合夹板龙骨
4. 柜体：上顶板	18	单面贴皮木芯板
5. 空心门片：结构板材（内）	3	实木贴皮夹板
6. 空心门片：结构板材（外）	3	贴皮夹板
7. 柜体：横向板材	18	双面贴皮木芯板
8. 柜体：灯具挡板	18	双面贴皮木芯板
9. 灯具	—	层板灯
10. 侧面封边	—	贴皮

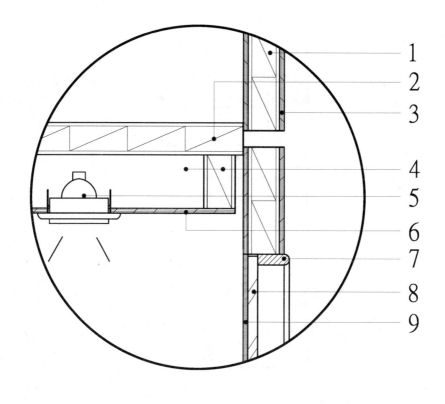

■ 橱柜内嵌灯 –1		侧面剖图 比例 1:2
结构材名称	**材料尺寸 /mm**	**材质**
1. 木框门片:结构板材	18	木芯板
2. 柜体:横向板材	18	双面实木贴皮木芯板
3. 木框门片:结构板材	3	实木贴皮夹板
4. 嵌灯安装木架构	18	木芯板
5. LED 嵌灯	—	—
6. 嵌灯安装结构:装饰材	3	实木贴皮夹板
7. 玻璃压条	6×18	子弹形线板
8. 玻璃	5	透明玻璃
9. 胶合剂	—	硅胶

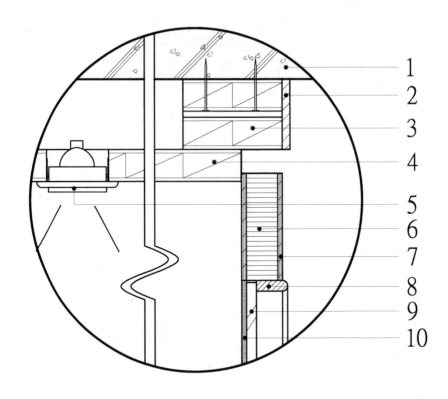

橱柜内嵌灯 -2		侧面剖图 比例 1：2
结构材名称	**材料尺寸 /mm**	**材质**
1. 钢筋混凝土结构	—	—
2. 塔头正面封边	—	实木条
3. 塔头结构材	18	木芯板
4. 柜体：上顶板	18	单面实木贴皮木芯板
5. LED 嵌灯	—	—
6. 木框门片：结构龙骨	60×18	夹板龙骨
7. 木框门片：结构板材	3	实木贴皮夹板
8. 玻璃压条	6×18	子弹形线板
9. 玻璃	5	透明玻璃
10. 胶合剂	—	硅胶

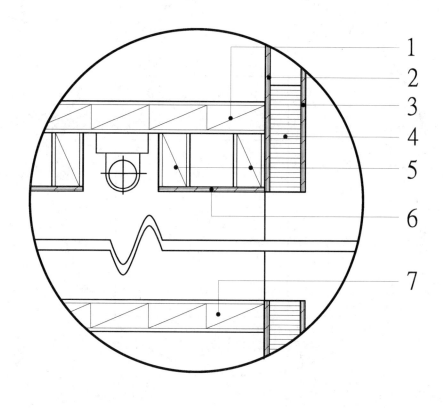

■ 橱柜内嵌灯 –3	侧面剖图 比例 1：2

结构材名称	材料尺寸 /mm	材质
1. 柜体：横向板材	18	单面实木贴皮木芯板
2. 空心门片：结构板材（内）	3	贴皮夹板
3. 空心门片：结构板材（外）	3	实木贴皮夹板
4. 空心门片：结构龙骨	60×18	纵向胶合夹板龙骨
5. 嵌灯：结构板材	18	木芯板
6. 嵌灯：木结构装饰材	3	实木贴皮夹板
7. 柜体：中间横向板材	18	双面实木贴皮木芯板

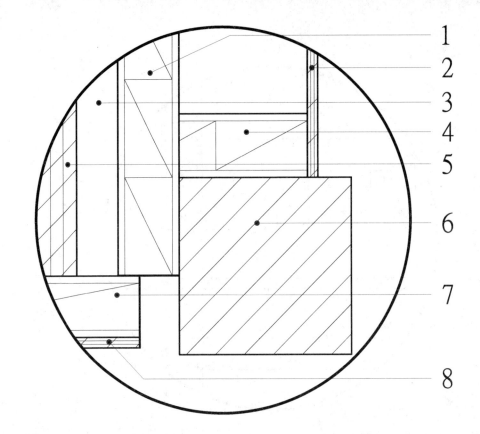

	平面剖图 比例 1:1	
▌**柜体外加实木脚**		

结构材名称	材料尺寸 /mm	材质
1. 柜体：立向板材	18	木芯板
2. 柜体：加框表面装饰材	3	实木贴皮夹板
3. 抽屉轨道	—	—
4. 柜体：加框结构板材	18	木芯板
5. 抽屉：结构板材的抽墙	12	夹板贴皮抽墙板
6. 实木脚	—	—
7. 抽屉：结构板材的抽头	18	单面贴皮木芯板
8. 抽屉：表面装饰材	3	实木贴皮夹板

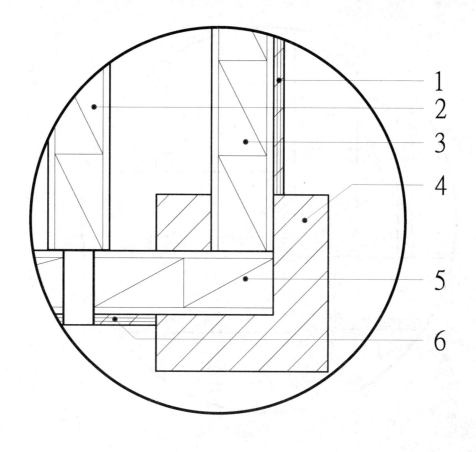

柜体嵌入实木脚		平面剖图 比例 1:1

结构材名称	材料尺寸 /mm	材质
1. 柜体：表面装饰材	3	实木贴皮夹板
2. 柜体：立向板材	18	木芯板
3. 柜体：结构板材	18	木芯板
4. 实木脚	—	—
5. 柜体：结构板材	18	木芯板
6. 柜体：表面装饰材	3	实木贴皮夹板

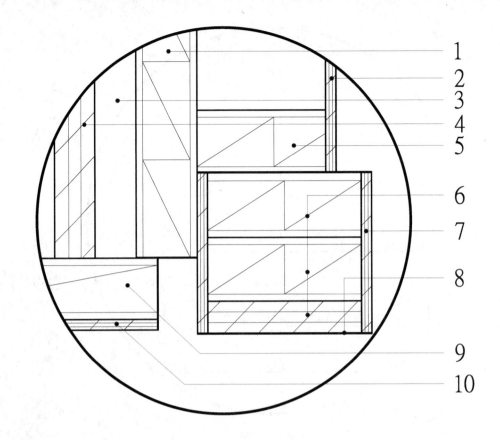

▌ 柜体外加木作脚		平面剖图 比例 1:1
结构材名称	材料尺寸 /mm	材质
1. 柜体：立向板材	18	木芯板
2. 柜体：表面装饰材	3	实木贴皮夹板
3. 抽屉轨道	—	—
4. 抽屉：结构板材的抽墙	12	夹板贴皮抽墙板
5. 柜体：加框结构板材	18	木芯板
6. 柜脚：结构板材	18（9）	木芯板（夹板）
7. 柜脚：表面装饰材	3	实木贴皮夹板
8. 柜脚：正面封边	—	实木贴皮
9. 抽屉：结构板材的抽头	18	单面贴皮木芯板
10. 抽屉：表面装饰材	3	实木贴皮夹板

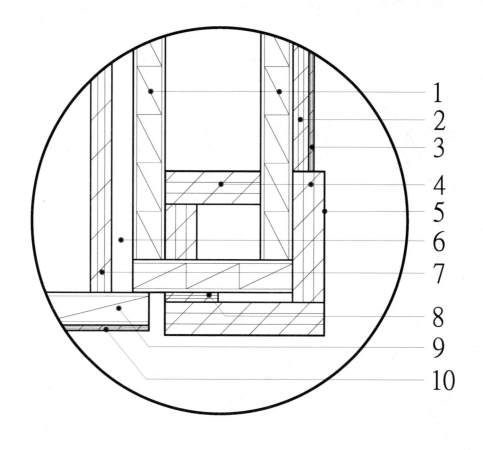

■ 柜体嵌入木作脚

平面剖图
比例 1:2

结构材名称	材料尺寸 /mm	材质
1. 柜体：结构板材	18	木芯板
2. 柜体：加厚辅助材	9	夹板
3. 柜体：侧面表面装饰材	3	实木贴皮夹板
4. 桌脚：结构板材	18	夹板
5. 桌脚：表面材	—	实木贴皮
6. 抽屉轨道	—	—
7. 抽屉：结构板材的抽墙	12	夹板贴皮抽墙板
8. 桌脚：正面加厚结构板材	6	夹板
9. 抽屉：结构板材的抽头	18	单面实木贴皮木芯板
10. 抽屉：表面装饰材	3	实木贴皮夹板

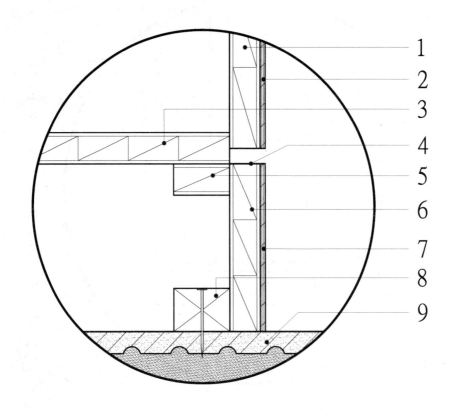

切齐门片踢脚线		侧面剖图 比例 1:2

结构材名称	材料尺寸 /mm	材质
1. 门片板材	18	单面贴皮木芯板
2. 门片：表面装饰材	3	实木贴皮夹板
3. 柜体：下底板	18	单面贴皮木芯板
4. 踢脚线：侧面封边	—	实木贴皮
5. 踢脚线：钉接辅助材	18	木芯板
6. 踢脚线：结构板材	18	木芯板
7. 踢脚线：表面装饰材	3	实木贴皮夹板
8. 踢脚线：地面固定龙骨	36×30	柳安、松木、夹板龙骨
9. 地面铺材	—	瓷砖

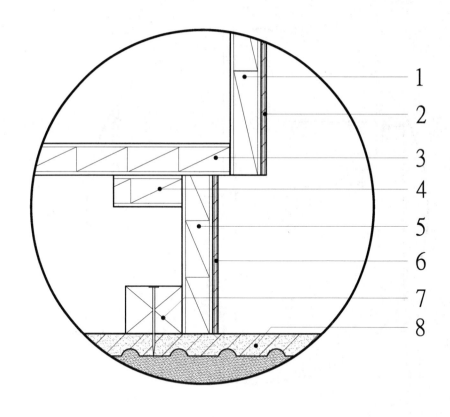

■ 内缩柜体式踢脚线		侧面剖图 比例 1：2
结构材名称	**材料尺寸 /mm**	**材质**
1. 门片板材	18	单面贴皮木芯板
2. 门片：表面装饰材	3	实木贴皮夹板
3. 柜体：下底板	18	单面贴皮木芯板
4. 踢脚线：钉接辅助材	18	木芯板
5. 踢脚线：结构板材	18	木芯板
6. 踢脚线：表面装饰材	3	实木贴皮夹板
7. 踢脚线：地面固定龙骨	36×30	柳安、松木、夹板龙骨
8. 地面铺材	—	瓷砖

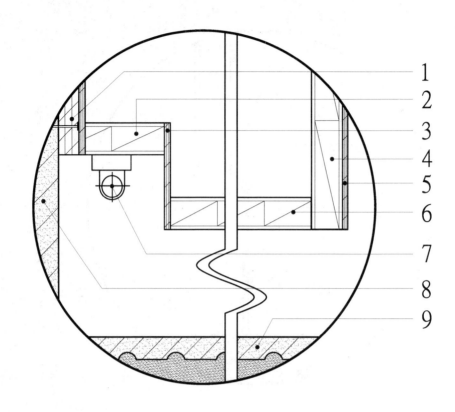

柜体悬空下嵌灯 -1	侧面剖图 比例 1:2

结构材名称	材料尺寸 /mm	材质
1. 柜体:壁面固定材	12	夹板
2. 柜体:灯槽结构板材	18	单面贴皮木芯板
3. 柜体:灯槽结构板材	6	贴皮夹板
4. 门片板材	18	单面贴皮木芯板
5. 门片:表面装饰材	3	实木贴皮夹板
6. 柜体:下底板	18	单面贴皮木芯板
7. 灯具	—	层板灯
8. 砖造墙	—	—
9. 地面铺材	—	瓷砖

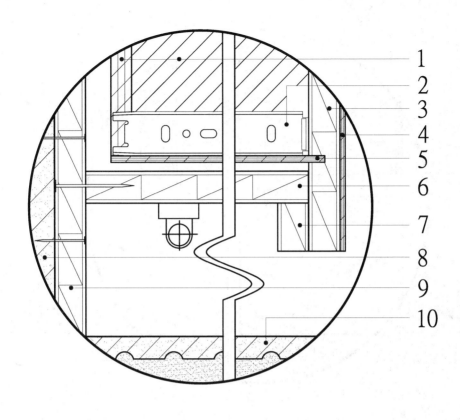

柜体悬空下嵌灯 −2		侧面剖图 比例 1:2

结构材名称	材料尺寸 /mm	材质
1. 抽屉结构材：抽墙	12	贴皮抽屉墙板
2. 三段式轨道	—	—
3. 抽屉结构材：抽头	18	单面贴皮木芯板
4. 抽屉：表面装饰材	3	实木贴皮夹板
5. 门片：表面装饰材	3	实木贴皮夹板
6. 柜体：下底板	18	单面贴皮木芯板
7. 灯具挡板	18	木芯板
8. 砖造墙	—	—
9. 柜体：支撑固定板材	18	木芯板
10. 地面铺材	—	瓷砖

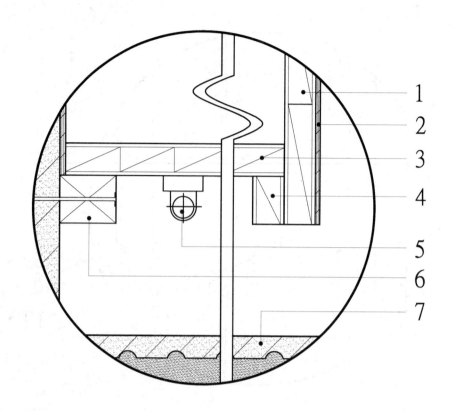

柜体悬空下嵌灯 –3		侧面剖图 比例 1:2
结构材名称	材料尺寸 /mm	材质
1. 门片板材	18	单面贴皮木芯板
2. 门片: 表面装饰材	3	实木贴皮夹板
3. 柜体: 下底板	18	单面贴皮木芯板
4. 灯具挡板	18	木芯板
5. 灯具	—	层板灯
6. 柜体: 固定龙骨	36×30	柳安、松木、夹板龙骨
7. 地面铺材	—	瓷砖

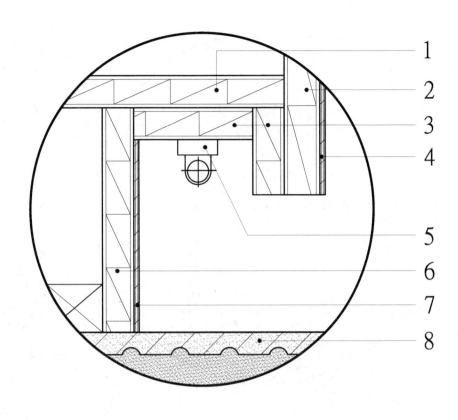

 ■ 踢脚内缩下嵌灯	侧面剖图 比例 1:2	
结构材名称	**材料尺寸 /mm**	**材质**
1. 柜体：下底板	18	单面贴皮木芯板
2. 门片板材	18	单面贴皮木芯板
3. 踢脚：灯槽结构板材	18	单面贴皮木芯板
4. 门片：表面装饰材	3	实木贴皮夹板
5. 灯具	—	层板灯
6. 踢脚线：结构板材	18	木芯板
7. 踢脚线：表面装饰材	3	实木贴皮夹板
8. 地面铺材	—	瓷砖

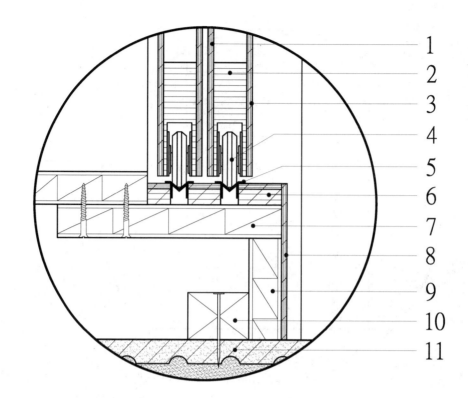

拉门式橱柜踢脚 –1		侧面剖图 比例 1:2
结构材名称	材料尺寸 /mm	材质
1. 空心门片：结构板材（内）	3	木纹板
2. 空心门片：木架构的龙骨	60×18	纵向胶合夹板龙骨
3. 空心门片：结构板材（外）	3	实木贴皮夹板
4. V 形轮	—	—
5. V 形轮：专用铝轨	—	—
6. 导槽：结构板材	9	夹板
7. 导槽：主结构板材	18	木芯板
8. 踢脚线：表面装饰材	3	实木贴皮夹板
9. 踢脚线：结构板材	18	木芯板
10. 踢脚线：地面固定龙骨	36×30	柳安、松木、夹板龙骨
11. 地面铺材	—	瓷砖

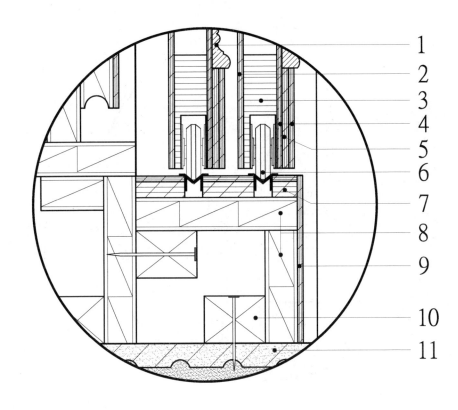

拉门式橱柜踢脚-2		侧面剖图 比例 1:2

结构材名称	材料尺寸 /mm	材质
1. 门片：正面造型板材	24	斜边实木线板
2. 空心门片：结构板材（内）	3	木纹板
3. 空心门片：木架构的龙骨	60×18	纵向胶合夹板龙骨
4. 空心门片：结构板材（外）	3	实木贴皮夹板
5. 空心门片：加厚板材	6	夹板
6. V 形轮	—	—
7. 导槽：结构板材	9	夹板
8. 踢脚线：结构板材	18	木芯板
9. 踢脚线：表面装饰材	3	贴皮夹板
10. 踢脚线：地面固定龙骨	36×30	柳安、松木、夹板龙骨
11. 地面铺材	—	瓷砖

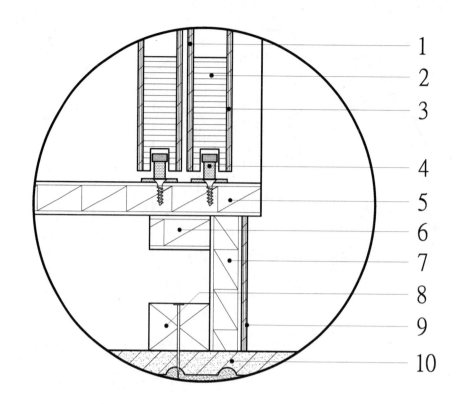

1
2
3
4
5
6
7
8
9
10

▌拉门式橱柜踢脚 –3	侧面剖图 比例 1:2

结构材名称	材料尺寸 /mm	材质
1. 空心门片：结构板材（内）	3	木纹板
2. 空心门片：木架构的龙骨	60×18	纵向胶合夹板龙骨
3. 空心门片：结构板材（外）	3	实木贴皮夹板
4. 金属下挡	—	—
5. 柜体：下底板	18	单面贴皮木芯板
6. 踢脚线：钉接辅助材	18	木芯板
7. 踢脚线：结构板材	18	木芯板
8. 踢脚线：固定龙骨	36×30	柳安、松木、夹板龙骨
9. 踢脚线：表面装饰材	3	实木贴皮夹板
10. 地面铺材	—	瓷砖

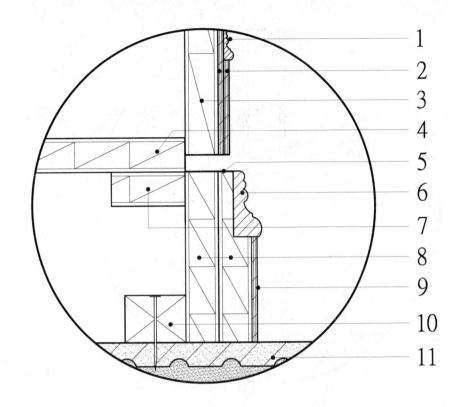

		1
		2
		3
		4
		5
		6
		7
		8
		9
		10
		11

■ 外凸门片造型踢脚线 –1	侧面剖图 比例 1 : 2

结构材名称	材料尺寸 /mm	材质
1. 门片：正面造型	18	斜边实木线板
2. 门片：表面装饰材	3	实木贴皮夹板
3. 门片板材	18	单面贴皮木芯板
4. 柜体：下底板	18	单面贴皮木芯板
5. 踢脚线：侧面封边	—	实木贴皮
6. 踢脚造型	30	斜边实木线板
7. 踢脚线：钉接辅助材	18	木芯板
8. 踢脚线：结构板材	18	木芯板
9. 踢脚线：表面装饰材	3	实木贴皮夹板
10. 踢脚线：地面固定龙骨	36×30	柳安、松木、夹板龙骨
11. 地面铺材	—	瓷砖

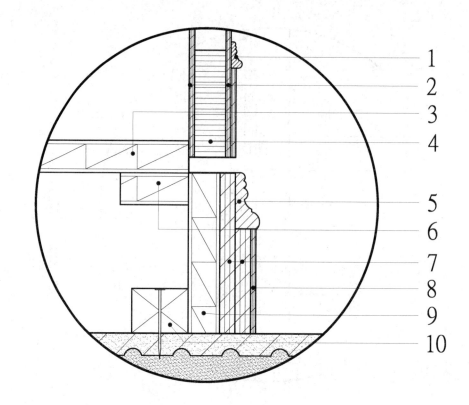

▌外凸门片造型踢脚线 –2		侧面剖图 比例 1:2
结构材名称	**材料尺寸 /mm**	**材质**
1. 门片：正面造型板材	18	斜边实木线板
2. 门片：结构板材	3	贴皮夹板
3. 柜体：下底板	18	单面贴皮木芯板
4. 空心门片：木结构的龙骨	60×18	纵向胶合夹板龙骨
5. 踢脚造型板材	30	斜边实木线板
6. 踢脚线：钉接辅助材	18	木芯板
7. 踢脚线：造型结构板材	9	夹板
8. 踢脚线：表面装饰材	3	实木贴皮夹板
9. 踢脚线：结构板材	18	木芯板
10. 踢脚线：地面固定龙骨	36×30	柳安、松木、夹板龙骨

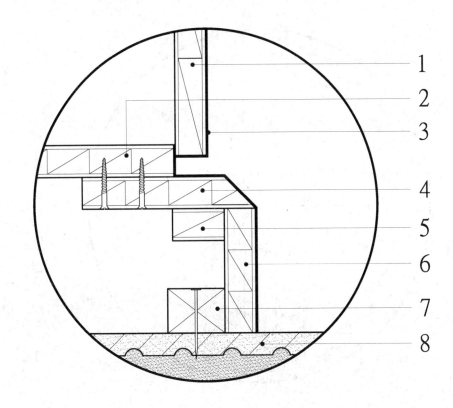

结构材名称	材料尺寸/mm	材质
1. 门片板材	18	单面贴皮木芯板
2. 柜体：下底板	18	单面贴皮木芯板
3. 门片：表面装饰材	1	美耐板
4. 踢脚线：横向结构板材	18	木芯板
5. 踢脚线：钉接辅助材	18	木芯板
6. 踢脚线：立向结构板材	18	木芯板
7. 踢脚线：地面固定龙骨	36×30	柳安、松木、夹板龙骨
8. 地面铺材	—	瓷砖

外凸门片造型踢脚线 –3　　　　侧面剖图 比例 1：2

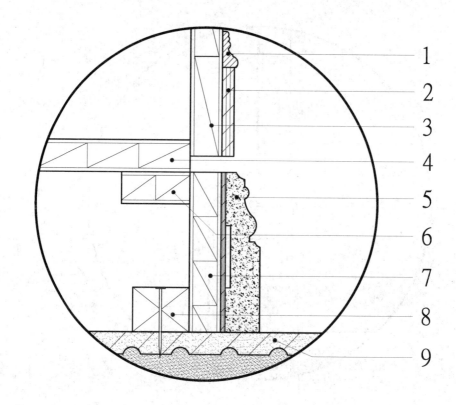

■ 外凸门片造型踢脚线 –4		侧面剖图 比例 1：2
结构材名称	**材料尺寸 /mm**	**材质**
1. 门片：造型线板	18	斜边实木条
2. 门片：加厚板材	7	夹板
3. 门片板材	18	单面贴皮木芯板
4. 柜体：下底板	18	单面贴皮木芯板
5. 踢脚造型板材	—	发泡（聚氨酯）线板
6. 踢脚线：固定辅助材	18	木芯板
7. 踢脚线：结构板材	18	木芯板
8. 踢脚线：地面固定龙骨	36×30	柳安、松木、夹板龙骨
9. 地面铺材	—	瓷砖

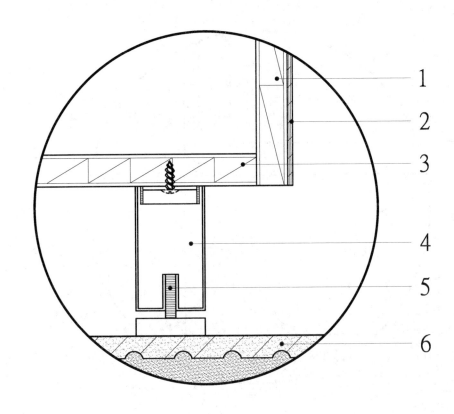

结构材名称	材料尺寸 /mm	材质
1. 门片板材	18	单面贴皮木芯板
2. 门片：表面装饰材	3	实木贴皮夹板
3. 柜体：下底板	18	单面贴皮木芯板
4. 支撑构件	—	金属脚
5. 支撑构件：调整螺栓	—	—
6. 地面铺材	—	瓷砖

柜体下：调整式金属脚　　侧面剖图 比例 1:2

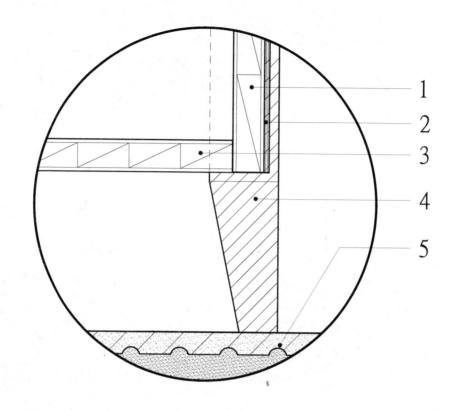

	侧面剖图
▌橱柜实木脚	比例 1:2

结构材名称	材料尺寸 /mm	材质
1.门片板材	18	单面贴皮木芯板
2.门片：表面装饰材	3	实木贴皮夹板
3.柜体：下底板	18	单面贴皮木芯板
4.支撑构件	—	实木脚
5.地面铺材	—	瓷砖

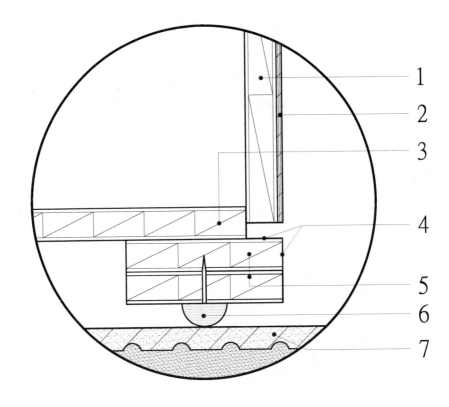

踢脚下置塑胶垫		侧面剖图 比例 1:2
结构材名称	材料尺寸 /mm	材质
1. 门片板材	18	单面贴皮木芯板
2. 门片:表面装饰材	3	实木贴皮夹板
3. 柜体:下底板	18	单面贴皮木芯板
4. 踢脚:侧面封边	—	实木贴皮
5. 踢脚:结构板材	18	木芯板
6. 塑胶脚垫	—	—
7. 地面铺材	—	瓷砖

塔头 拉门 加框 连接面 企口 桌脚 **踢脚线** 抽屉 吊柜

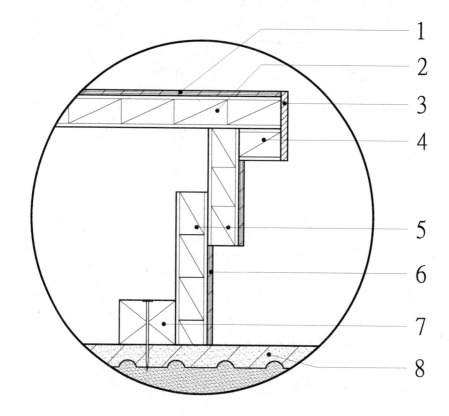

平台：造型踢脚	侧面剖图 比例 1:2

结构材名称	材料尺寸/mm	材质
1. 台面：表面装饰材	3	实木贴皮夹板
2. 台面：主结构板材	18	木芯板
3. 台面：正面封边	45	实木条
4. 台面：加厚板材	18	木芯板
5. 踢脚线：结构板材	18	木芯板
6. 踢脚线：表面装饰材	3	实木贴皮夹板
7. 踢脚线：固定龙骨	36×30	柳安、松木、夹板龙骨
8. 地面铺材	—	瓷砖

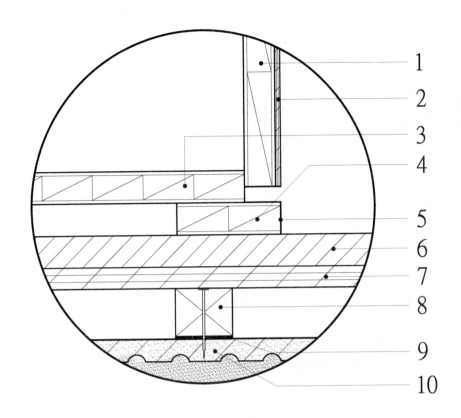

■ 直贴地板式踢脚	侧面剖图 比例 1:2

结构材名称	材料尺寸 /mm	材质
1.门片板材	18	单面贴皮木芯板
2.门片：表面装饰材	3	实木贴皮夹板
3.柜体：下底板	18	单面贴皮木芯板
4.柜体：加高板材	18	木芯板
5.侧面封边	—	实木贴皮
6.高架地板：面板	18	实木板材
7.高架地板：底板	12	夹板
8.高架地板：结构龙骨	36×30	柳安、松木、夹板龙骨
9.胶合剂	—	硅胶
10.地面铺材	—	瓷砖

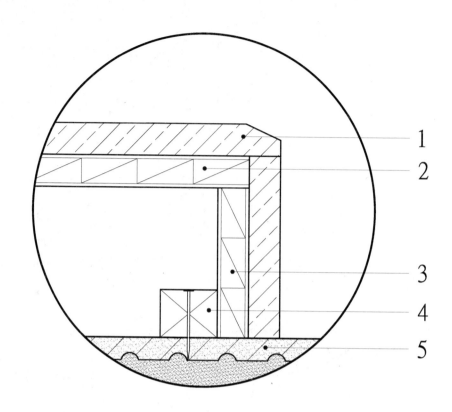

■ 平台：石材踢脚	侧面剖图 比例 1:2

结构材名称	材料尺寸 /mm	材质
1.台面：表面板材	18	石材
2.台面：主结构板材	18	木芯板
3.踢脚线：结构材	18	木芯板
4.踢脚线：固定材	36×30	柳安、松木、夹板龙骨
5.地面铺材	—	瓷砖

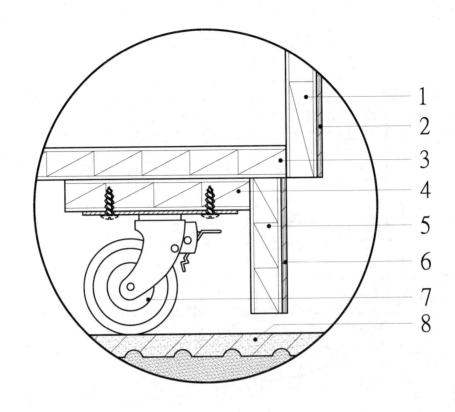

1
2
3
4
5
6
7
8

▌活动柜		侧面剖图 比例 1：2

结构材名称	材料尺寸 /mm	材质
1. 门片板材	18	单面贴皮木芯板
2. 门片：表面装饰材	3	实木贴皮夹板
3. 柜体：下底板	18	单面贴皮木芯板
4. 踢脚线：固定辅助材	18	木芯板
5. 踢脚线：结构材	18	木芯板
6. 踢脚线：表面装饰材	3	实木贴皮夹板
7. 可固定式轮子	—	—
8. 地面铺材	—	瓷砖

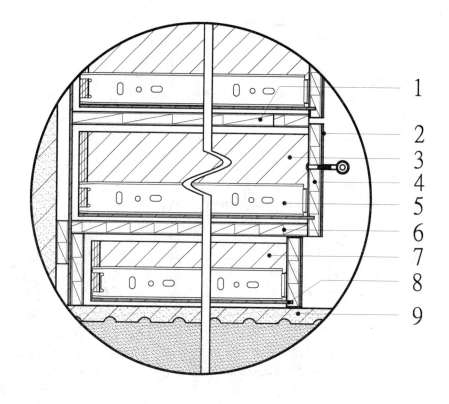

▌踢脚抽屉	侧面剖图 比例 1:5

结构材名称	材料尺寸 /mm	材质
1. 轨道安装辅助材	18	木芯板
2. 抽屉：表面装饰材	3	实木贴皮夹板
3. 抽屉结构板材：抽墙	12	贴皮抽墙板
4. 抽屉结构板材：抽头	18	单面贴皮木芯板
5. 三段式滑轨	—	—
6. 柜体：下底板	18	木芯板
7. 踢脚抽屉结构板材：抽墙	12	贴皮抽墙板
8. 踢脚抽屉结构板材：抽底	6	贴皮夹板
9. 地面铺材	—	瓷砖

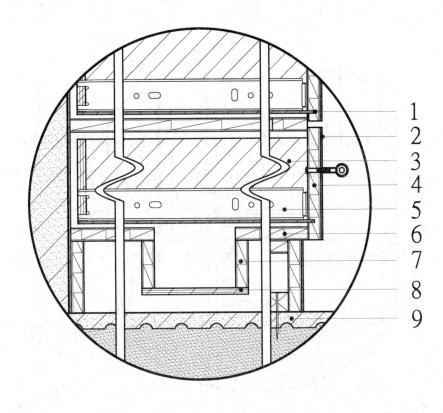

抽屉下暗格		侧面剖图 比例 1:5
结构材名称	**材料尺寸 /mm**	**材质**
1. 抽屉结构板材：抽底	6	贴皮夹板
2. 抽屉：表面装饰材	3	实木贴皮夹板
3. 抽屉结构板材：抽墙	12	贴皮抽墙板
4. 抽屉结构板材：抽头	18	单面贴皮木芯板
5. 三段式滑轨	—	—
6. 柜体：下底板	18	单面贴皮木芯板
7. 暗格：结构立向板材	18	单面贴皮木芯板
8. 暗格：结构底板	9	夹板
9. 地面铺材	—	瓷砖

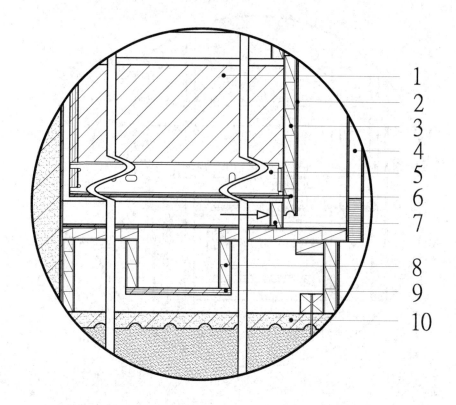

		1
---	---	2
		3
		4
		5
		6
		7
		8
		9
		10

■ 衣柜内暗格

侧面剖图
比例 1:5

结构材名称	材料尺寸 /mm	材质
1. 抽屉：结构板材的抽墙	12	贴皮抽墙板
2. 抽屉：表面装饰材	3	实木贴皮夹板
3. 抽屉：结构板材的抽头	18	单面贴皮木芯板
4. 橱柜：空心门片	—	—
5. 三段式滑轨	—	—
6. 抽屉：结构板材的抽底	6	贴皮夹板
7. 暗格：活动抽板	18+6	木芯板和夹板
8. 暗格：结构立向板材	18	单面贴皮木芯板
9. 暗格：结构底板	9	夹板
10. 地面铺材	—	瓷砖

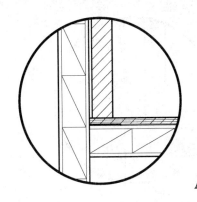
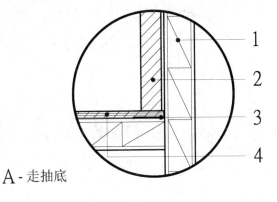

A - 走抽底

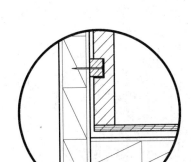
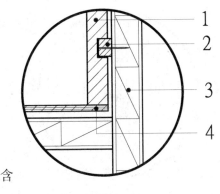

B - 走中含

▌走抽底与走中含式抽屉	侧面剖图 比例 1:2	
结构材名称	材料尺寸 /mm	材质
1. 柜体：立向板材（A1）	18	木芯板
2. 抽屉结构板材：抽墙（A2）	12	实木抽墙板
3. 抽屉：塑胶滑带或涂蜡烛（A3）	—	—
4. 抽屉结构板材：抽底（A4）	6	贴皮夹板
5. 抽屉结构板材：抽墙（B1）	12	实木抽墙板
6. 抽屉：推拉固定材（B2）	—	实木材
7. 柜体：立向板材（B3）	18	木芯板
8. 抽屉结构板材：抽底（B4）	6	贴皮夹板

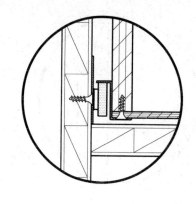
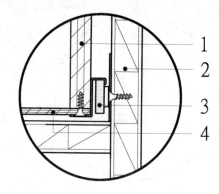

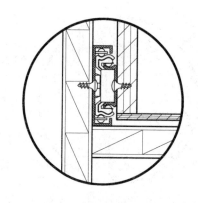
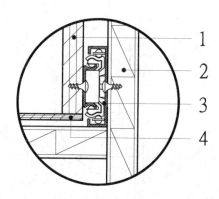

▊ 二段与三段式抽屉滑轨		侧面剖图 比例 1:2

结构材名称	材料尺寸 /mm	材质
1. 抽屉：结构板材的抽墙	12	夹板贴皮抽墙板
2. 柜体：立向板材	18	木芯板
3. 抽屉：滑轨（二段与三段式）	—	—
4. 抽屉：结构板材的抽底	6	贴皮夹板

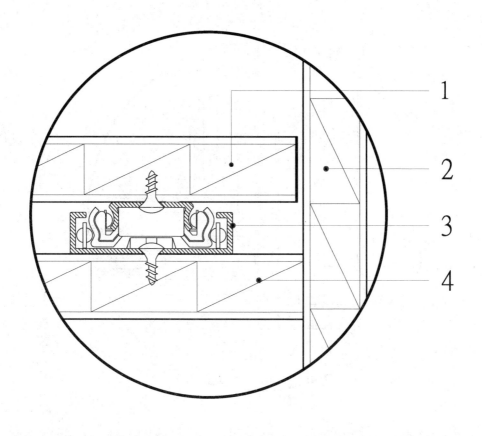

▌抽板式三段式滑轨		侧面剖图 比例 1:1
结构材名称	**材料尺寸 /mm**	**材质**
1. 拉式承板	18	双面贴皮木芯板
2. 柜体:立向板材	18	双面贴皮木芯板
3. 抽屉:三段式滑轨	—	—
4. 柜体:横向板材	18	双面实木贴皮木芯板

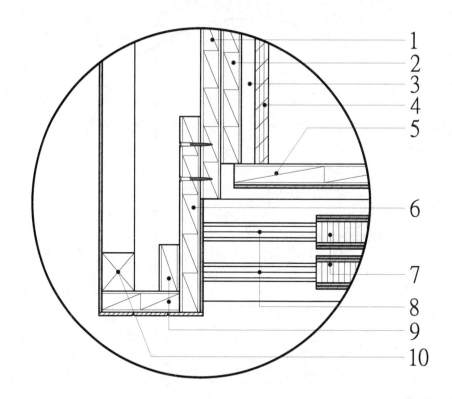

结构材名称	材料尺寸 /mm	材质
1. 柜体:立向板材	18	单面贴皮木芯板
2. 抽屉柜:立向板材	18	木芯板
3. 抽屉滑轨	—	—
4. 抽屉结构板材:抽墙	12	夹板贴皮抽墙板
5. 抽屉结构板材:抽头	18	单面贴皮木芯板
6. 拉门框:主结构板材	18	木芯板
7. 拉门:空心门片	—	—
8. 铝轨	—	—
9. 拉门框:结构板材	18	木芯板
10. 拉门框:结构龙骨	36×30	柳安、松木、夹板龙骨

■ 拉门式衣柜与抽屉

平面剖图
比例 1:3

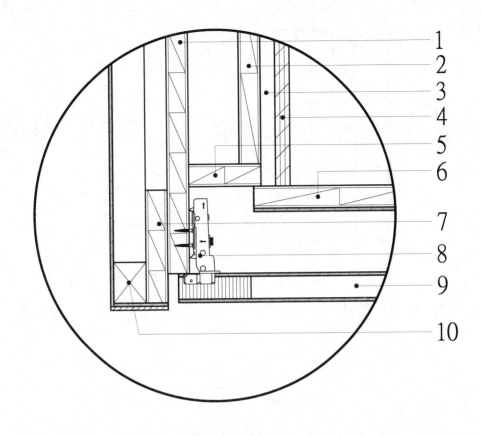

	平面剖图	
■ 开门式衣柜与抽屉 –1	比例 1:3	

结构材名称	材料尺寸 /mm	材质
1. 柜体：立向板材	18	单面贴皮木芯板
2. 抽屉柜：抽屉轨道固定板材	18	木芯板
3. 抽屉滑轨	—	—
4. 抽屉结构板材：抽墙	12	夹板贴皮抽墙板
5. 抽屉柜：正面板材	18	单面贴皮木芯板
6. 抽屉结构板材：抽头	18	单面贴皮木芯板
7. 柜体加框：结构板材	18	木芯板
8. 缓动德式铰链	9（盖）	—
9. 拉门：空心门片	—	—
10. 柜体加框：结构龙骨	36×30	柳安、松木、夹板龙骨

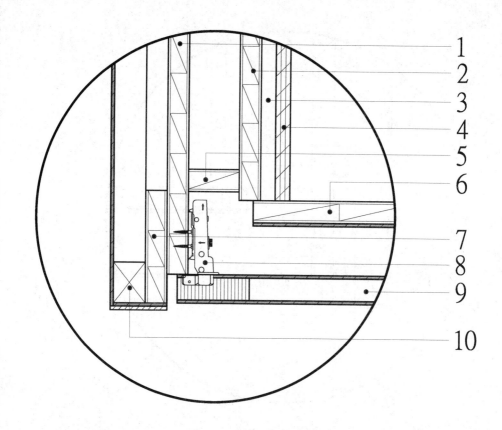

| | 开门式衣柜与抽屉 –2 | | 平面剖图 比例 1:3 |

结构材名称	材料尺寸 /mm	材质
1. 柜体：立向板材	18	单面贴皮木芯板
2. 抽屉柜：立向板材	18	木芯板
3. 抽屉滑轨	—	—
4. 抽屉结构板材：抽墙	12	夹板贴皮抽墙板
5. 抽屉柜：正面板材	18	单面贴皮木芯板
6. 抽屉结构板材：抽头	18	单面贴皮木芯板
7. 柜体加框：结构板材	18	木芯板
8. 缓动德式铰链	9（盖）	—
9. 拉门：空心门片	—	—
10. 柜体加框：结构龙骨	36×30	柳安、松木、夹板龙骨

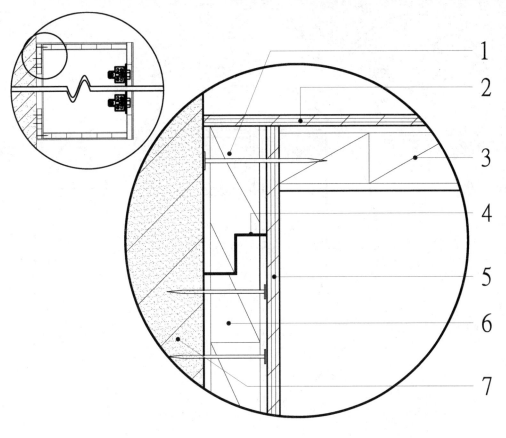

悬吊式橱柜：固定样式 –1		侧面剖图 比例 1:1
结构材名称	材料尺寸 /mm	材质
1. 柜体：背面钉接板材	18	木芯板
2. 柜体：上面装饰材	3	实木贴皮夹板
3. 柜体：上顶板	18	单面贴皮木芯板
4. 柜体：固定卡榫	18	木芯板
5. 柜体：背板	6	贴皮夹板
6. 壁面：固定板材	18	木芯板
7. 砖造墙	—	—

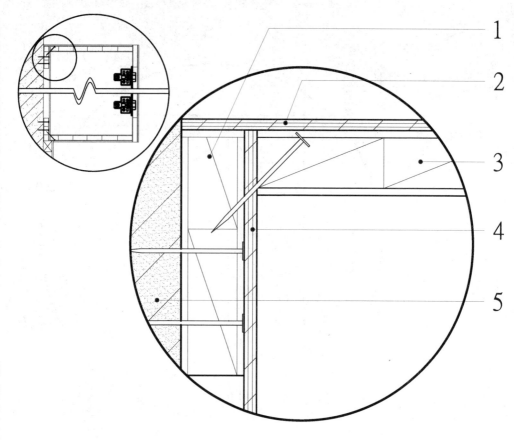

	侧面剖图 比例 1:1
悬吊式橱柜：固定样式 –2	

结构材名称	材料尺寸 /mm	材质
1. 壁面：固定板材	18	木芯板
2. 柜体：上面装饰材	3	实木贴皮夹板
3. 柜体：上顶板	18	单面贴皮木芯板
4. 柜体：背板	6	贴皮夹板
5. 砖造墙	—	—

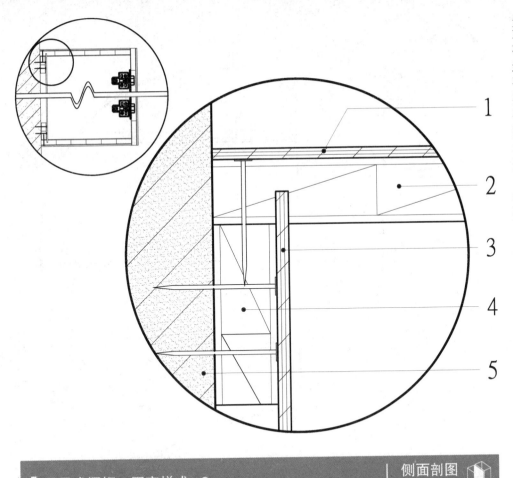

悬吊式橱柜：固定样式 -3		侧面剖图 比例 1∶1
结构材名称	**材料尺寸/mm**	**材质**
1. 柜体：上面装饰材	3	实木贴皮夹板
2. 柜体：上顶板	18	单面贴皮木芯板
3. 柜体：背板	6	贴皮夹板
4. 壁面：固定板材	18	木芯板
5. 砖造墙	—	—

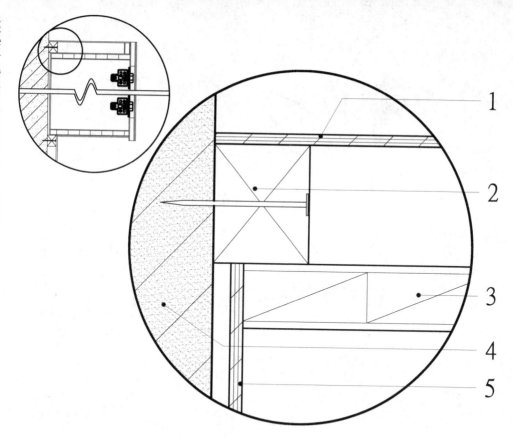

悬吊式橱柜：固定样式 –4

	侧面剖图 比例 1:1

结构材名称	材料尺寸 /mm	材质
1. 柜体：固定结构封板	3	实木贴皮夹板
2. 柜体：固定龙骨	36×30	柳安、松木、夹板龙骨
3. 柜体：上顶板	18	单面贴皮木芯板
4. 砖造墙	—	—
5. 柜体：背板	6	贴皮夹板

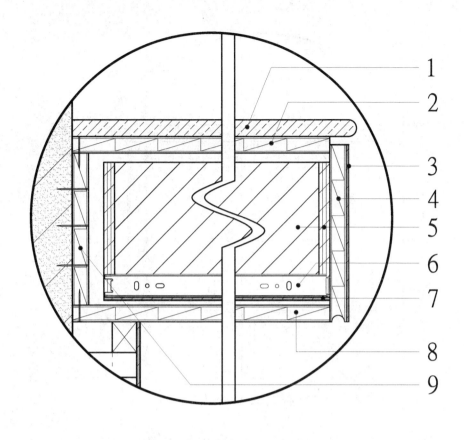

悬吊式橱柜：固定样式 –5		侧面剖图 比例 1:4

结构材名称	材料尺寸 /mm	材质
1. 柜体：台面的表面材	18	石材
2. 柜体：上顶板	18	木芯板
3. 抽屉：表面装饰材	3	实木贴皮夹板
4. 抽屉：结构板材的抽头	18	单面贴皮木芯板
5. 抽屉：结构板材的抽墙	12	贴皮夹板的抽墙板
6. 三段式滑轨	—	—
7. 抽屉：结构板材的抽底	6	贴皮夹板
8. 柜体：下底板	18	木芯板
9. 柜体：壁面固定板材	18	木芯板

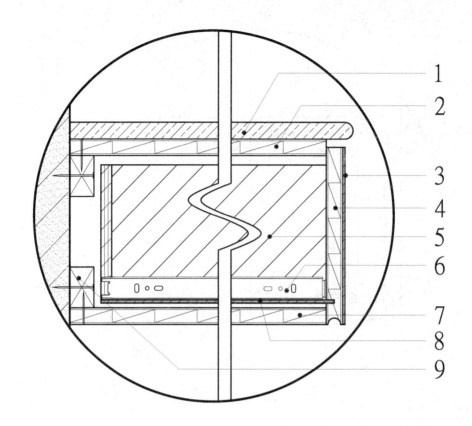

悬吊式橱柜：固定样式 –6		侧面剖图 比例 1:4

结构材名称	材料尺寸 /mm	材质
1. 柜体：台面表面材	—	石材
2. 柜体：上顶板	18	木芯板
3. 抽屉：表面装饰材	3	实木贴皮夹板
4. 抽屉：结构板材的抽头	18	单面贴皮木芯板
5. 抽屉：结构板材的抽墙	12	抽屉墙板
6. 三段式滑轨	—	—
7. 柜体：下底板	18	木芯板
8. 抽屉：结构板材、抽底	6	贴皮夹板
9. 柜体：壁面、固定龙骨	60×36	柳安实木龙骨

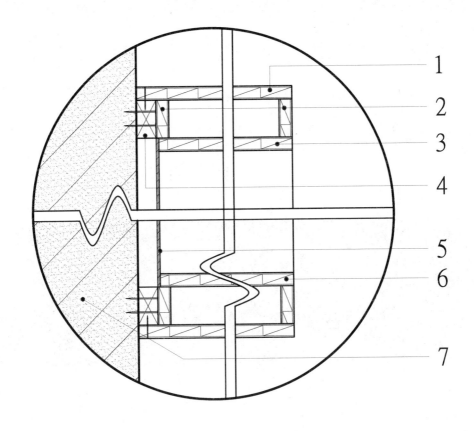

悬吊式造型柜		侧面剖图 比例 1:5

结构材名称	材料尺寸/mm	材质
1. 柜体：台面	18	木芯板
2. 柜体：造型结构板材	18	木芯板
3. 柜体：上顶板	18	木芯板
4. 壁面：固定龙骨	60×36	柳安实木龙骨
5. 柜体：背板	6	夹板
6. 柜体：下底板	18	木芯板
7. 砖造墙	—	—

台面（橱柜）

木材──石材──美耐板──玻璃──其他

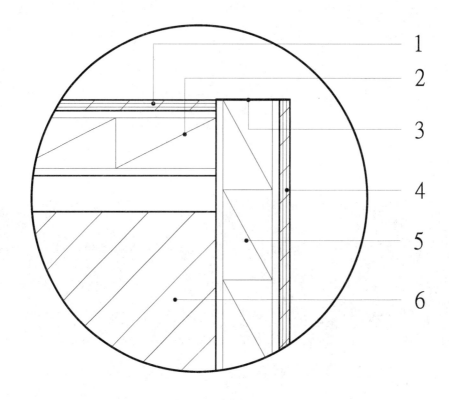

门片切齐台面		侧面剖图 比例 1:1
结构材名称	材料尺寸 /mm	材质
1. 台面：表面装饰材	3	实木贴皮夹板
2. 柜体：上顶板	18	木芯板
3. 抽屉：侧面封边	—	实木贴皮
4. 抽屉面：表面装饰材	3	实木贴皮夹板
5. 抽屉：结构材的抽头	18	单面贴皮木芯板
6. 抽屉：结构材的抽墙	12	抽屉墙板

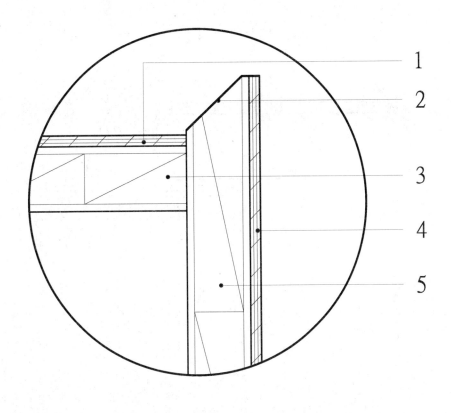

门片外凸台面		侧面剖图 比例 1:1
结构材名称	**材料尺寸 /mm**	**材质**
1. 台面：表面装饰材	3	实木贴皮夹板
2. 门片：侧面封边	—	实木贴皮
3. 柜体：上顶板	18	单面贴皮木芯板
4. 门片：表面装饰材	3	实木贴皮夹板
5. 门片板材	18	单面贴皮木芯板

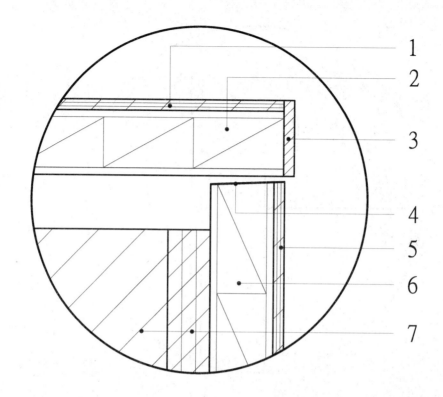

抽屉内缩台面		侧面剖图 比例 1:1
结构材名称	**材料尺寸 /mm**	**材质**
1. 台面：表面装饰材	3	实木贴皮夹板
2. 柜体：上顶板	18	木芯板
3. 台面：正面封边	21	实木条
4. 门片：侧面封边	—	实木贴皮
5. 抽屉：表面装饰材	3	实木贴皮夹板
6. 抽屉：结构材的抽头	18	单面贴皮木芯板
7. 抽墙：结构板材的横、直向抽墙	12	抽屉墙板

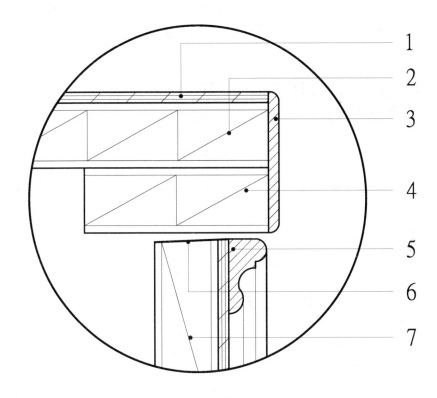

加厚台面		侧面剖图 比例 1:1

结构材名称	材料尺寸 /mm	材质
1. 台面：表面装饰材	3	实木贴皮夹板
2. 柜体：上顶板	18	木芯板
3. 台面：正面封边	45	实木条
4. 台面：加厚板材	18	木芯板
5. 门片造型	18	斜边实木条
6. 门片：侧面封边	—	实木贴皮
7. 门片板材	18	单面贴皮木芯板

木材 — 石材 — 美耐板 — 玻璃 — 其他

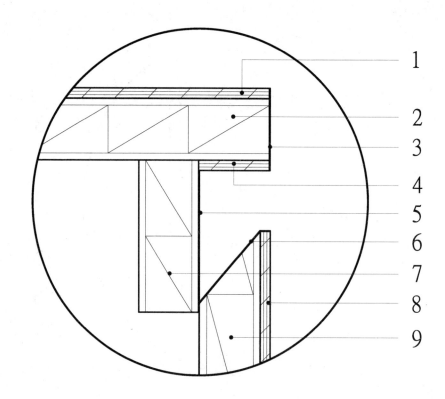

结构材名称	材料尺寸 /mm	材质
1. 台面：表面装饰材	3	实木贴皮夹板
2. 柜体：上顶板	18	木芯板
3. 台面：正面封边	—	实木贴皮
4. 台面下：表面装饰材	3	实木贴皮夹板
5. 企口挡板：正面封边	—	实木贴皮
6. 门片：侧面封边	—	实木贴皮
7. 企口挡板	18	木芯板
8. 门片：表面装饰材	3	实木贴皮夹板
9. 门片板材	18	单面贴皮木芯板

台面下加企口挡板

侧面剖图 比例 1:1

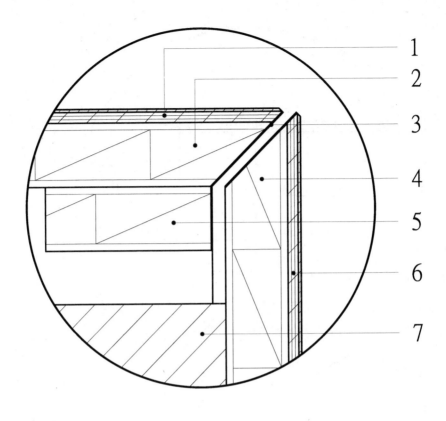

台面：斜角造型		侧面剖图 比例 1:1
结构材名称	材料尺寸 /mm	材质
1. 台面：表面装饰材	6	实木厚皮夹板
2. 柜体：上顶板	18	木芯板
3. 台面：正面封边	—	实木贴皮
4. 抽屉：结构材的抽头	18	单面贴皮木芯板
5. 企口挡板	18	木芯板
6. 抽屉：表面装饰材	6	实木厚皮夹板
7. 抽屉：结构材的抽墙	12	贴皮抽屉墙板

木材——石材——美耐板——玻璃——其他

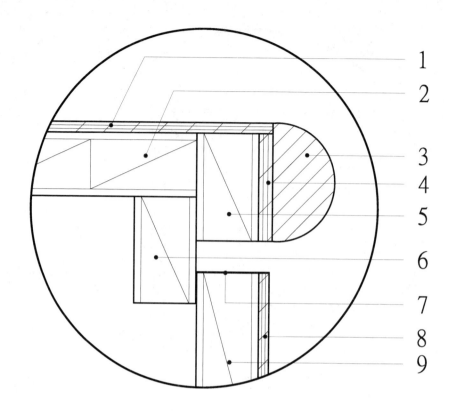

	侧面剖图 比例 1:1
台面：半圆造型	

结构材名称	材料尺寸 /mm	材质
1. 台面：表面装饰材	3	实木贴皮夹板
2. 柜体：上顶板	18	木芯板
3. 台面：造型板材	36	半圆实木线板
4. 台面：加厚结构板材	9	夹板
5. 台面：加厚结构板材	18	木芯板
6. 企口挡板	18	木芯板
7. 门片：侧面封边	—	实木贴皮
8. 门片：表面装饰材	3	实木贴皮夹板
9. 门片板材	18	单面贴皮木芯板

木材 ── 石材 ── 美耐板 ── 玻璃 ── 其他

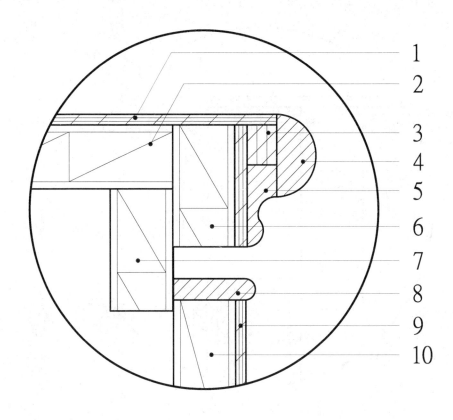

	侧面剖图 比例 1:1
台面：半圆加斜边造型	

结构材名称	材料尺寸 /mm	材质
1. 台面：表面装饰材	3	实木贴皮夹板
2. 柜体：上顶板	18	木芯板
3. 台面：加厚板材	9	夹板
4. 台面：造型板材	18	半圆实木线板条
5. 台面：造型板材	24	斜边实木条
6. 台面：加厚板材	18	木芯板
7. 企口挡板	18	木芯板
8. 门片：侧面封边	6×24	子弹形实木条
9. 门片：表面装饰材	3	实木贴皮夹板
10. 门片板材	18	单面贴皮木芯板

木材 石材 美耐板 玻璃 其他

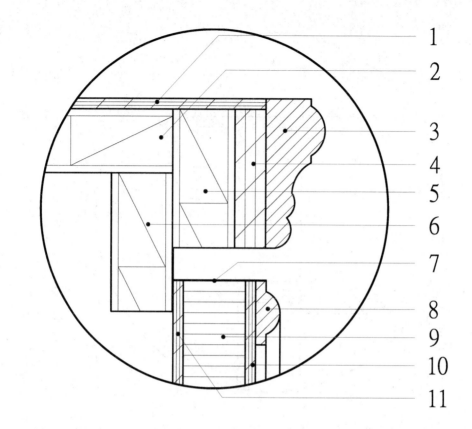

1
2
3
4
5
6
7
8
9
10
11

台面：斜边造型		侧面剖图 比例 1：1

结构材名称	材料尺寸 /mm	材质
1. 台面：表面装饰材	3	实木贴皮夹板
2. 柜体：上顶板	18	木芯板
3. 台面：斜边线板	45	实木条
4. 台面：加厚板材	9	夹板
5. 台面：加厚板材	18	木芯板
6. 企口挡板	18	木芯板
7. 空心门片：侧面封边	—	实木贴皮
8. 空心门片：正面造型	18	斜边实木条
9. 空心门片：木架构的龙骨	60×18	纵向胶合夹板龙骨
10. 空心门片：结构板材（外）	3	实木贴皮夹板
11. 空心门片：结构板材（内）	3	木纹板

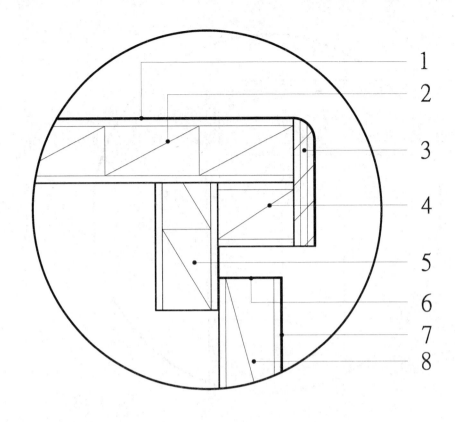

台面：贴实木皮		侧面剖图 比例 1:1

结构材名称	材料尺寸 /mm	材质
1. 台面：表面装饰材	—	实木贴皮
2. 柜体：上顶板	18	木芯板
3. 台面：加厚板材	9	夹板
4. 台面：加厚板材	18	木芯板
5. 企口挡板	18	木芯板
6. 门片：侧面封边	—	实木贴皮
7. 门片：表面装饰材	—	实木贴皮
8. 门片板材	18	单面实木贴皮木芯板

木材 石材 美耐板 玻璃 其他

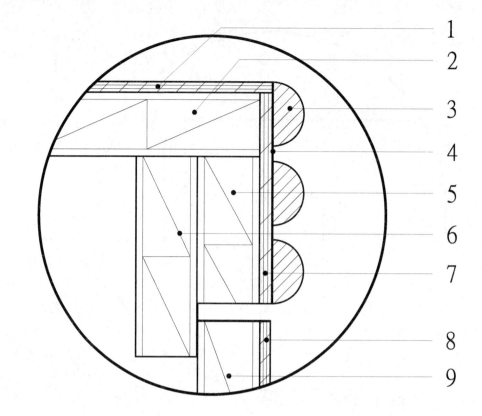

台面加厚造型		侧面剖图 比例 1:1
结构材名称	**材料尺寸 /mm**	**材质**
1. 台面：表面装饰材	3	实木贴皮夹板
2. 柜体：上顶板	18	单面贴皮木芯板
3. 台面：造型板材	18	半圆实木条
4. 台面：正面封边	—	实木皮
5. 台面：加厚板材	18	木芯板
6. 企口挡板	18	木芯板
7. 台面：加厚板材	6	夹板
8. 门片板材	18	单面贴皮木芯板
9. 门片：表面装饰材	3	实木贴皮夹板

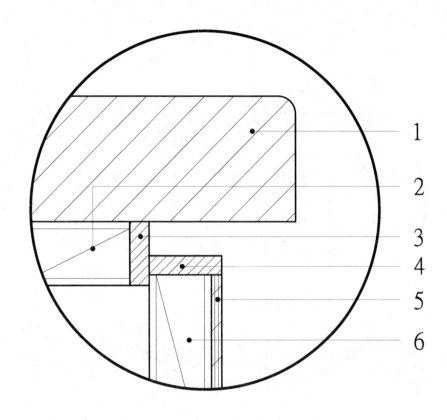

实木台面	侧面剖图 比例 1:1

结构材名称	材料尺寸 /mm	材质
1. 台面：表面材	45	实木板
2. 柜体：上顶板	18	单面贴皮木芯板
3. 柜体：板材侧面封边	—	实木条
4. 门片：侧面封边	—	实木条
5. 门片：表面装饰材	3	实木贴皮夹板
6. 门片板材	18	单面贴皮木芯板

木材 石材 美耐板 玻璃 其他

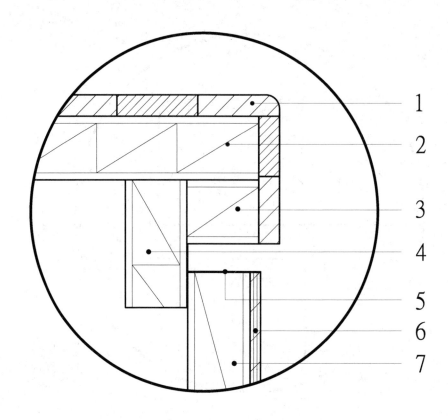

侧面剖图 比例 1:1		

■ 台面：实木集成板材

结构材名称	材料尺寸 /mm	材质
1.台面：表面板材	18	集成实木板
2.柜体：上顶板	18	单面贴皮木芯板
3.台面：加厚板材	18	木芯板
4.企口挡板	—	木芯板
5.门片：侧面封边	—	实木贴皮
6.门片：表面装饰材	3	实木贴皮夹板
7.门片板材	18	单面贴皮木芯板

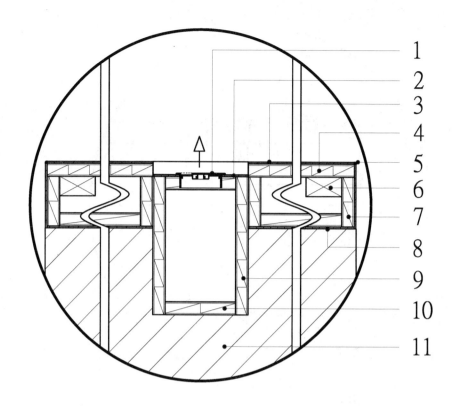

1
2
3
4
5
6
7
8
9
10
11

会议桌：线槽		侧面剖图 比例 1:5

结构材名称	材料尺寸 /mm	材质
1. 桌面：出线孔	54	塑胶铝制品
2. 线槽：活动表面材	3	实木贴皮夹板
3. 桌面：表面装饰材	3	实木贴皮夹板
4. 桌面：主结构板材	18	木芯板
5. 桌面：表面饰材交接	3	实木材填充
6. 桌面：强化龙骨	54×30	夹板龙骨
7. 桌面：结构板材	18	木芯板
8. 桌下：装饰材	3	实木贴皮夹板
9. 线槽结构：立向板材	18	木芯板
10. 线槽结构：下底板	18	木芯板
11. 桌子立柱面贴装饰材	—	—

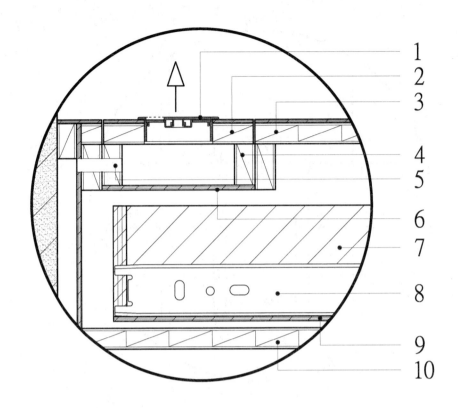

1
2
3
4
5
6
7
8
9
10

书桌：出线孔		侧面剖图 比例1:3

结构材名称	材料尺寸/mm	材质
1. 桌面：出线孔	54	塑胶铝制品
2. 桌面：活动板材	18	木芯板
3. 桌面：结构板材	18	木芯板
4. 线槽结构立向板材	18	木芯板
5. 电线预留孔	—	—
6. 线槽结构底板	6	贴皮夹板
7. 抽屉：结构板材的抽墙	12	贴皮抽屉墙板
8. 三段式轨道	—	—
9. 抽屉：结构板材的抽底	6	贴皮夹板
10. 柜体：下底板	18	木芯板

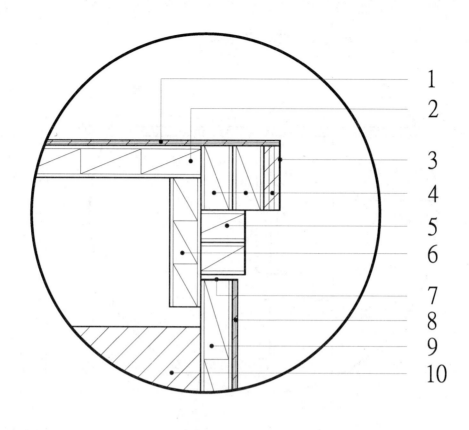

台面：柜体加框		侧面剖图 比例 1:2
结构材名称	**材料尺寸 /mm**	**材质**
1. 台面：表面装饰材	3	实木贴皮夹板
2. 柜体：上顶板	18	单面贴皮木芯板
3. 台面：正面封边	—	实木贴皮
4. 台面：加厚板材	9	夹板
5. 台面：加厚板材	18	木芯板
6. 企口挡板	18	木芯板
7. 门片：侧面封边	—	实木贴皮
8. 抽屉：表面装饰材	3	实木贴皮夹板
9. 抽屉：结构材的抽头	18	单面贴皮木芯板
10. 抽屉：结构材的抽墙	12	贴皮抽墙板

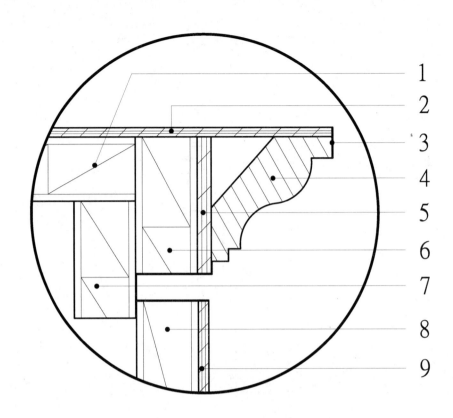

▌造型台面		侧面剖图 比例 1:1
结构材名称	**材料尺寸 /mm**	**材质**
1.柜体：上顶板	18	单面贴皮木芯板
2.台面：表面装饰材	3	实木贴皮夹板
3.台面：造型封边	—	实木贴皮
4.造型板材	36	船形实木线板
5.台面：加厚板材	9	夹板
6.台面：加厚板材	18	木芯板
7.企口挡板	18	木芯板
8.门片板材	18	单面贴皮木芯板
9.门片：表面装饰材	3	实木贴皮夹板

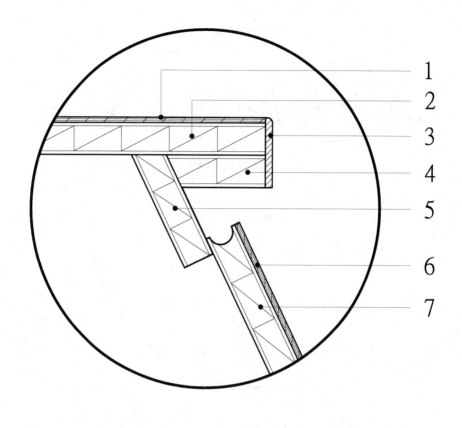

▌床头柜台面		侧面剖图 比例 1:2
结构材名称	材料尺寸 /mm	材质
1. 台面：表面装饰材	3	实木贴皮夹板
2. 柜体：上顶板	18	单面贴皮木芯板
3. 台面：正面封边	45	实木条
4. 台面：加厚板材	18	木芯板
5. 企口挡板	18	木芯板
6. 门片：表面装饰材	3	实木贴皮夹板
7. 门片板材	18	单面贴皮木芯板

木材—石材—美耐板—玻璃—其他

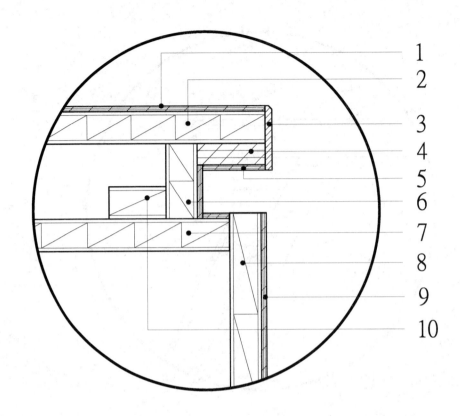

台面下企口造型		侧面剖图 比例 1:2
结构材名称	材料尺寸 /mm	材质
1.台面：表面装饰材	3	实木贴皮夹板
2.台面：造型主结构板材	18	木芯板
3.台面：正面封边	36	实木条
4.台面：加厚板材	12	夹板
5.台面造型：表面装饰材	3	实木贴皮夹板
6.台面造型：立向板材	18	木芯板
7.柜体：上顶板	18	单面贴皮木芯板
8.门片板材	18	单面贴皮木芯板
9.门片：表面装饰材	3	实木贴皮夹板
10.台面造型：固定辅助材	18	木芯板

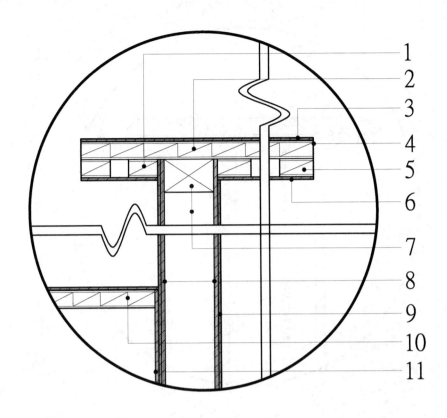

	侧面剖图 比例 1:4
■ 柜台：上台面、面贴贴皮夹板	

结构材名称	材料尺寸/mm	材质
1. 台面：加厚板材（内）	18	木芯板
2. 台面：主结构板材	18	木芯板
3. 台面：表面装饰材	3	实木贴皮夹板
4. 台面：正面封边	—	实木贴皮
5. 台面：加厚板材（外）	18	木芯板
6. 台面：结构板材	3	实木贴皮夹板
7. 吧台：立向木架构	60×36	柳安龙骨
8. 吧台：台面立向结构材	6	夹板
9. 吧台：立向表面装饰板	3	实木贴皮夹板
10. 柜体：上顶板	18	木芯板
11. 柜体：背板	6	贴皮夹板

木材 — 石材 — 美耐板 — 玻璃 — 其他

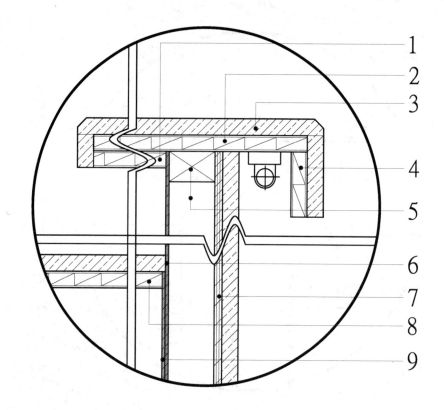

柜台：上台面石材倒斜角下嵌灯	侧面剖图 比例 1 : 4

结构材名称	材料尺寸 /mm	材质
1. 台面：加厚板材（内）	18	木芯板
2. 台面：主结构板材	18	木芯板
3. 台面：表面材	18	石材
4. 台面：加厚板材（外）	18	木芯板
5. 吧台：立向木架构	60×36	柳安实木龙骨
6. 吧台：立向结构装饰材	3	贴皮夹板
7. 吧台：立向结构材	9	夹板
8. 柜体：上顶板	18	木芯板
9. 柜体：背板	6	贴皮夹板

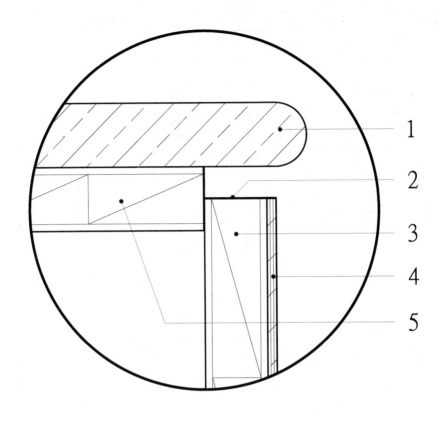

1
2
3
4
5

▌台面石材倒半圆		侧面剖图 比例 1:1
结构材名称	材料尺寸 /mm	材质
1.台面：表面材	18	石材
2.门片：侧面封边	—	实木贴皮
3.门片板材	18	单面贴皮木芯板
4.门片：表面装饰材	3	实木贴皮夹板
5.柜体：上顶板	18	单面贴皮木芯板

木材 — 石材 — 美耐板 — 玻璃 — 其他

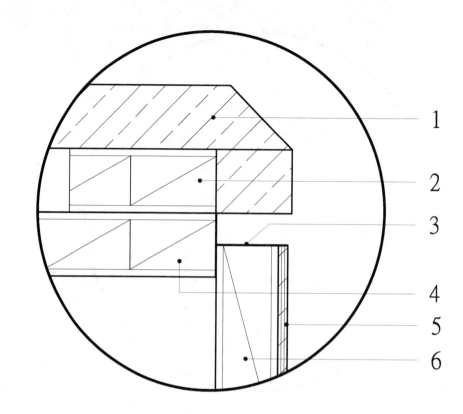

结构材名称	材料尺寸 /mm	材质
台面：石材加厚倒斜角	侧面剖图 比例 1：1	
1. 台面：表面材	—	石材
2. 台面：加厚辅助材	18	单面贴皮木芯板
3. 门片：侧面封边	—	实木贴皮
4. 柜体：上顶板	18	单面贴皮木芯板
5. 门片：表面装饰材	3	实木贴皮夹板
6. 门片板材	18	单面贴皮木芯板

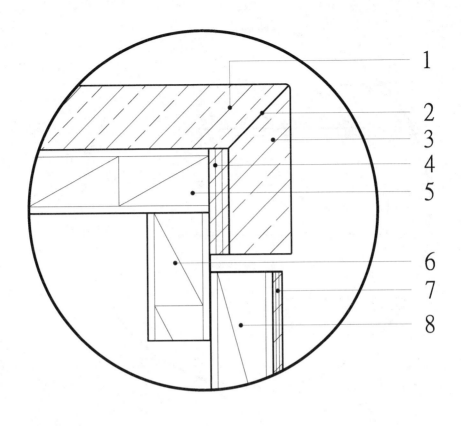

■ 台面：石材加厚背切斜角		**侧面剖图 比例 1：1**
结构材名称	材料尺寸 /mm	材质
1.台面：表面材	—	石材
2.石材交接背切斜角	—	—
3.侧面封边	—	石材
4.台面加厚板材	5	夹板
5.柜体：上顶板	18	单面贴皮木芯板
6.门片企口挡板	18	木芯板
7.门片：表面装饰材	3	实木贴皮夹板
8.门片板材	18	单面贴皮木芯板

木材─石材─美耐板─玻璃─其他

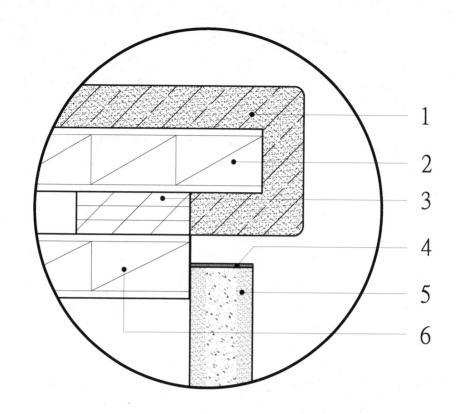

结构材名称	材料尺寸 /mm	材质
台面：人造石 –1	侧面剖图 比例 1:1	
1. 台面：表面材	12	人造石
2. 台面：结构板材	18	木芯板
3. 台面：结构板材	12	夹板
4. 门片：侧面封边	—	ABS 塑胶
5. 门片板材	18	塑合板
6. 柜体：上顶板	18	单面贴皮木芯板

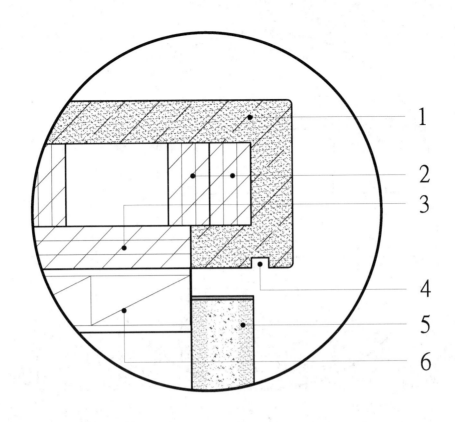

台面：人造石 –2	侧面剖图 比例 1:1	

结构材名称	材料尺寸 /mm	材质
1.台面：表面材	12	人造石
2.台面：支撑结构板材	12	夹板
3.台面：固定底板	12	夹板
4.台面：滴水沟槽	—	—
5.门片板材	18	塑合板
6.柜体：上顶板	18	单面贴皮木芯板

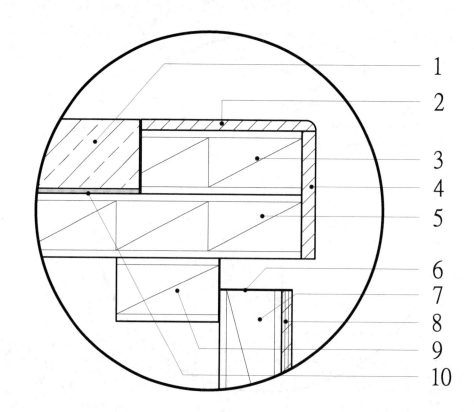

▌台面：木框内嵌石材		侧面剖图 比例 1:1
结构材名称	材料尺寸 /mm	材质
1. 台面：表面材	18	石材
2. 台面：表面装饰材	3	实木板材
3. 台面：加厚板材	18	木芯板
4. 台面：正面封边	45×6	实木条
5. 台面：上顶板	18	单面贴皮木芯板
6. 门片：侧面封边	—	实木条
7. 门片：板材	18	单面贴皮木芯板
8. 门片：表面装饰材	3	实木贴皮夹板
9. 企口挡板	18	木芯板
10. 胶合剂	—	硅胶

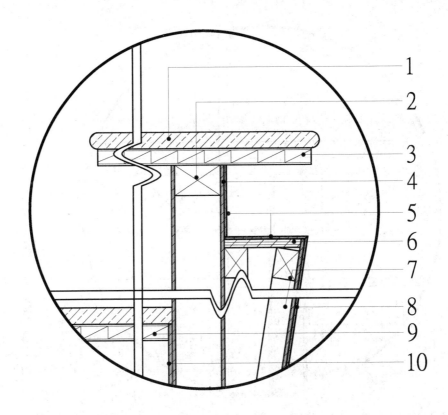

柜台：上台面石材倒半圆造型		侧面剖图 比例1:4

结构材名称	材料尺寸/mm	材质
1. 台面：表面材	18	石材
2. 吧台：立向木架构	60×36	柳安实木龙骨
3. 台面：主结构板材	18	木芯板
4. 吧台：立向结构材	6	夹板
5. 吧台：造型表面装饰材	3	实木贴皮夹板
6. 吧台：造型结构材	9	夹板
7. 吧台：造型木架构	36×30	柳安、松木龙骨
8. 吧台：造型结构材	6	夹板
9. 柜体：上顶板	18	木芯板
10. 柜体：背板	6	贴皮夹板

木材 石材 美耐板 玻璃 其他

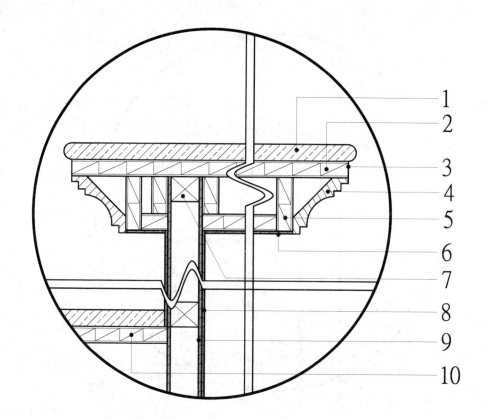

柜台：上台面石材下加造型		侧面剖图 比例 1:4

结构材名称	材料尺寸/mm	材质
1. 台面：表面材	18	石材
2. 台面：主结构板材	18	木芯板
3. 台面正面封边	—	实木贴皮
4. 台面造型材	60	船形实木线板
5. 台面：造型结构板材	18	木芯板
6. 吧台：造型装饰材	3	实木贴皮夹板
7. 吧台：造型木架构	36×30	柳安、松木龙骨
8. 吧台：正立面装饰材	3	实木贴皮夹板
9. 吧台：造型结构材	6	夹板
10. 柜体：上顶板	18	木芯板

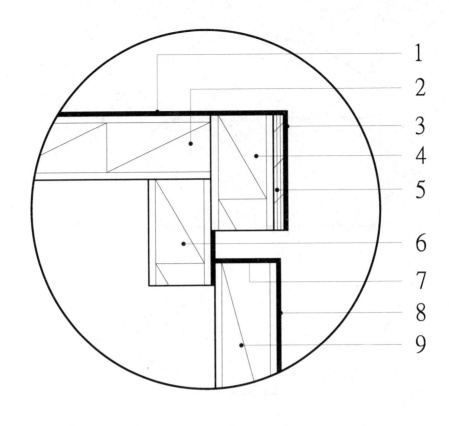

台面：表面贴美耐板		侧面剖图 比例 1:1
结构材名称	材料尺寸 /mm	材质
1. 台面：表面装饰材	1	美耐板
2. 柜体：上顶板	18	木芯板
3. 台面：正面封边	1	美耐板
4. 台面：加厚板材	18	木芯板
5. 台面：加厚板材	6	夹板
6. 企口挡板	18	木芯板
7. 门片：侧面封边	1	美耐板
8. 门片：表面装饰材	1	美耐板
9. 门片板材	18	单面贴皮木芯板

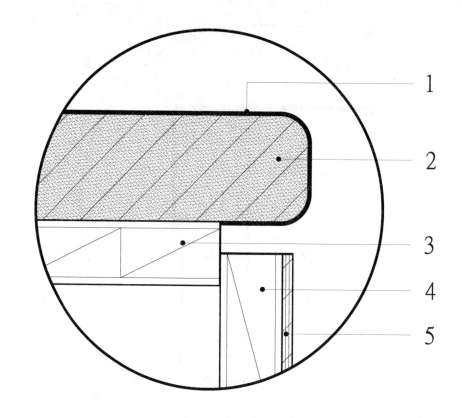

台面：密度板外贴美耐板		侧面剖图 比例 1:1

结构材名称	材料尺寸 /mm	材质
1.台面：表面装饰材	0.7	美耐板
2.台面：表面材	30	中密度纤维板材
3.柜体：上顶板	18	单面贴皮木芯板
4.门片板材	18	单面贴皮木芯板
5.门片：表面装饰材	3	实木贴皮夹板

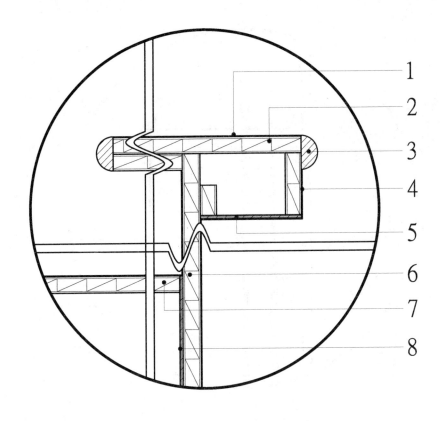

| 柜台：表面贴美耐板 | | 侧面剖图
比例 1:4 |

结构材名称	材料尺寸 /mm	材质
1. 台面：表面装饰材	1	美耐板
2. 台面：主结构板材	18	木芯板
3. 台面：正面封边	36	半圆实木条
4. 台面正面：表面装饰材	1	美耐板
5. 台面：结构板材	6	夹板
6. 吧台：立向结构板材	18	木芯板
7. 柜体：上顶板	18	木芯板
8. 柜体：背板	6	贴皮夹板

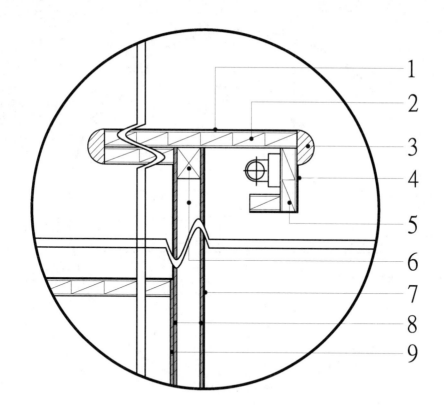

柜台：表面贴美耐板下嵌灯	侧面剖图 比例 1:4

结构材名称	材料尺寸 /mm	材质
1. 台面：表面装饰材	1	美耐板
2. 台面：主结构板材	18	木芯板
3. 台面正面：半圆封边	36	实木条
4. 台面侧面：表面装饰材	1	美耐板
5. 台面：造型结构板材	18	木芯板
6. 吧台：立向木架构	36×30	柳安、松木龙骨
7. 吧台：立向表面装饰材	1	美耐板
8. 吧台：立向结构材	6	夹板
9. 柜体：背板	6	贴皮夹板

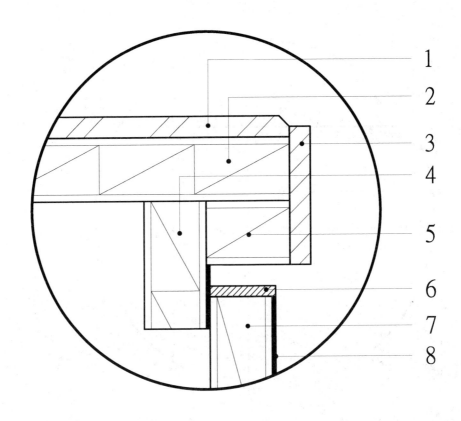

台面：强化玻璃、实木条封边	侧面剖图 比例 1:4	

结构材名称	材料尺寸/mm	材质
1. 台面：表面材	5	强化玻璃
2. 柜体：上顶板	18	单面贴皮木芯板
3. 台面：正面封边	45×6	实木条
4. 企口挡板	18	木芯板
5. 台面：加厚板材	18	木芯板
6. 门片：侧面封边	—	实木条
7. 门片板材	18	单面贴皮木芯板
8. 门片：表面装饰材	1	美耐板

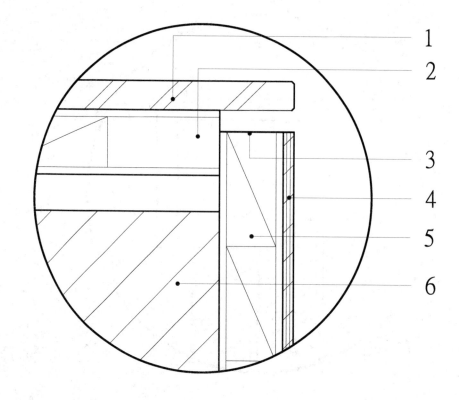

■ 台面：镜面玻璃	侧面剖图 比例 1：1

结构材名称	材料尺寸 /mm	材质
1.台面：表面材	8	黑色镜面玻璃
2.柜体：上顶板	18	木芯板
3.抽屉：侧面封边	—	实木贴皮
4.抽屉面：表面装饰材	3	实木贴皮夹板
5.抽屉：结构材的抽头	18	单面贴皮木芯板
6.抽屉：结构材的抽墙	12	抽屉墙板

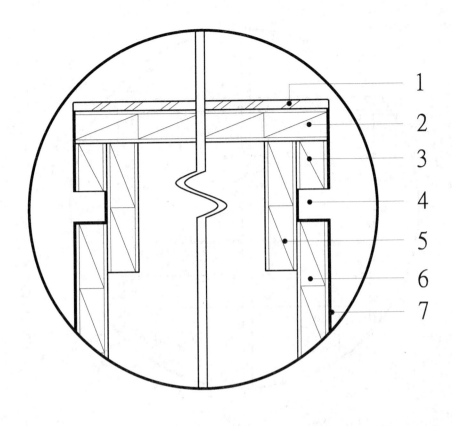

展示柜 –1		侧面剖图 比例 1:2
结构材名称	材料尺寸 /mm	材质
1. 台面：表面材	5	镜面玻璃
2. 台面主结构板材	18	木芯板
3. 台面：加厚板材	18	木芯板
4. 台面下造型企口	18	—
5. 台面：柜体连接结构材	18	木芯板
6. 柜体：立向板材	18	木芯板
7. 柜体四周表面材	1	美耐板

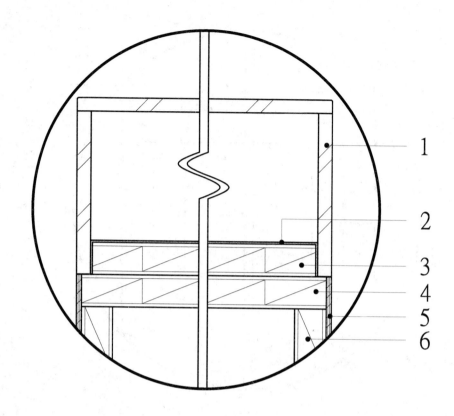

展示柜 -2		侧面剖图 比例 1:2

结构材名称	材料尺寸 /mm	材质
1. 台面上:玻璃框	8	强化透明玻璃
2. 台面:表面材	—	鹿皮
3. 台面:玻璃固定材	18	木芯板
4. 柜体:上顶板	18	木芯板
5. 柜体:立向表面饰材	3	实木贴皮夹板
6. 柜体:立向板材	18	木芯板

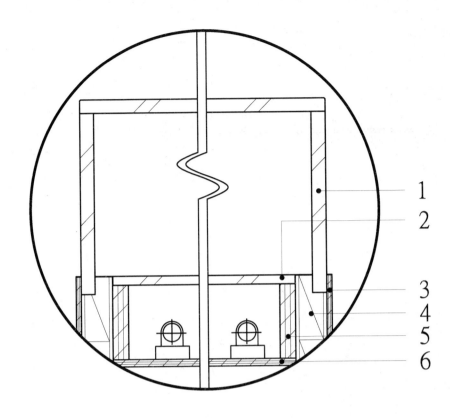

1
2
3
4
5
6

展示柜 -3		侧面剖图 比例 1：2
结构材名称	材料尺寸 /mm	材质
1. 台面上：玻璃框	8	强化透明玻璃
2. 台面：表面材	5	喷砂玻璃
3. 柜体：立向表面饰材	3	实木贴皮夹板
4. 柜体：立向板材	18	木芯板
5. 台面：玻璃固定材	9	夹板
6. 灯具固定板材	6	夹板

木材 石材 美耐板 玻璃 **其他**

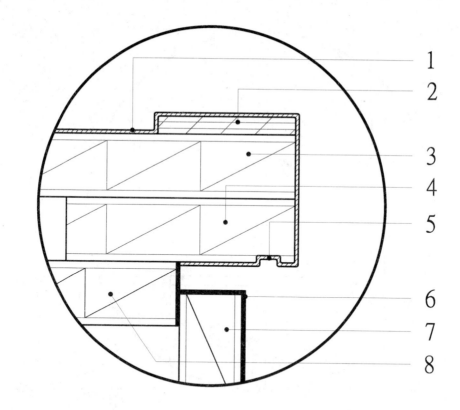

台面：不锈钢板		侧面剖图 比例 1:1

结构材名称	材料尺寸 /mm	材质
1. 台面：表面材	1	不锈钢板
2. 台面：结构板材	9	夹板
3. 台面：结构板材	18	木芯板
4. 台面：加厚辅助材	18	木芯板
5. 台面下：滴水沟槽	—	—
6. 门片：表面装饰材	1	美耐板
7. 门片板材	18	单面贴皮木芯板
8. 柜体：上顶板	18	单面贴皮木芯板

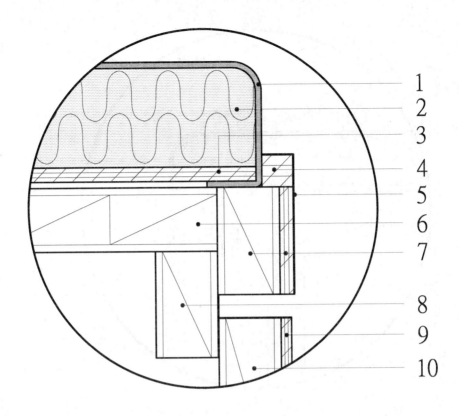

坐柜 –1		侧面剖图比例 1 : 1
结构材名称	**材料尺寸 /mm**	**材质**
1. 软垫：表面材	—	皮革或布
2. 软垫：填充材	—	高密度泡棉
3. 软垫：台面固定板材	6	夹板
4. 软垫：侧面固定材	9	夹板
5. 台面：正面封边	—	实木贴皮
6. 柜体：上顶板	18	木芯板
7. 台面：加厚板材	18+6	木芯板和夹板
8. 企口挡板	18	木芯板
9. 门片：表面装饰材	3	实木贴皮夹板
10. 门片板材	18	单面贴皮木芯板

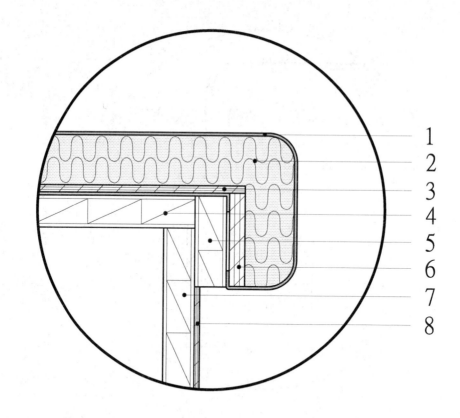

结构材名称	材料尺寸 /mm	材质
1. 软垫：表面材	—	皮革或布
2. 软垫：填充材	—	高密度泡棉
3. 软垫：台面固定板材	6	夹板
4. 台面：主结构板材	18	木芯板
5. 台面：加厚板材	18	木芯板
6. 软垫：正面固定板材	9	夹板
7. 坐柜：立向结构板材	18	木芯板
8. 坐柜：立向装饰材	3	实木贴皮夹板

坐柜 -2

侧面剖图
比例 1:2